前言

Foreword

人类的历史既是一部战争史，也是一部武器发展史。随着人类历史的发展，战争的规模越来越大，武器也越来越先进。武器是战争中的主体，也是人类自相残杀的工具，武器的改革创新促进了人类文明的进步。在这个科技迅速发展的时代，各种尖端武器以令人难以想象的速度被人们不断研究、开发出来。

为了让少年儿童更透彻地了解武器的秘密和掌握相关各国军事的科学知识，我们编撰了这本《军事武器百科》，本书从古代冷兵器、轻武器、坦克、装甲车、军用飞机、军用舰艇、导弹等方面向小读者展示了世界各国的著名武器。本书除了注重知识性外，还在内容上精心设计了一些精彩的小栏目，如相关武器的发明趣事、背后的战争故事等，融知识性和趣味性为一体，并配以大量精彩的图片，具有强烈的视觉冲击力，让小读者有身临其境的感觉，不会感到枯燥，为少年朋友们在繁忙的学业之余，享受到一个色彩缤纷的世界。为了尽最大可能展现一些在以往战争中发挥过突出作用的知名度比较高的武器，反映一些在武器发展史上产生过重大技术进步作用的武器，我们还为大家提供了武器的主要性能数据，可以让广大少年儿童爱好者研究和参考。武器是战争中的主要核心力量，武器的成功演变代表着一个国家科学技术的进步，小读者通过对本书的阅读，可以从中全面了解最新的武器科技，领略各国的武器风范，此书可以说是极具欣赏与收藏价值的武器图书宝典。

我们要用科学的眼光去看世界，去体会身边不断变化的事物，我们在学习科学知识的同时，也要明白各式各样的武器既是人类文明的产物，也是可以吞噬人类文明的“妖魔”。最后，希望大家会喜欢这本《军事武器百科》，也希望它除了让你领略到武器背后的故事外，还能让你体会到今天和平生活的可贵。

成长必读百科系列丛书

全彩升级版

军事武器百科

李　津◎主编

图书在版编目（CIP）数据

军事武器百科／李津编著．—北京：京华出版社，2010.11（2017.7重印）

ISBN 978-7-80724-989-4

Ⅰ．①军…　Ⅱ．①李…　Ⅲ．①武器－青少年读物　Ⅳ．① E92-49

中国版本图书馆CIP数据核字（2010）第175843号

军事武器百科

编　　著：李　津
责任编辑：李　征
封面设计：思想工社

北京联合出版公司出版
（北京市西城区德外大街83号楼9层　100088）
永清县晔盛亚胶印有限公司印刷　新华书店经销
字数200千字　710mmx1000mm　1/16　12印张
2010年8月第2版　2017年7月第2次印刷
ISBN 978-7-80724-989-4
定　价：49.80元

目录

第一章 古代冷兵器

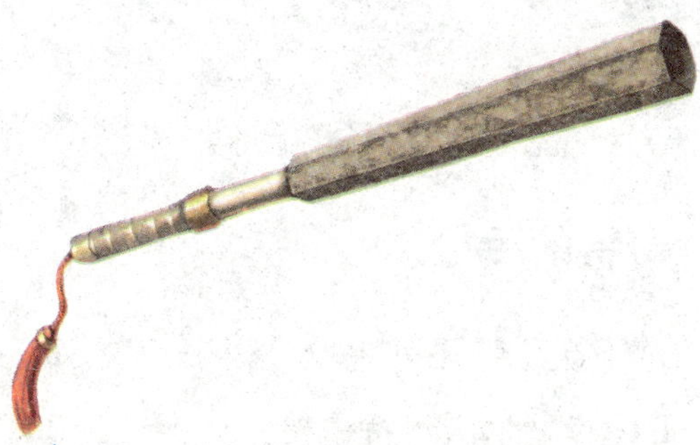

欧洲刀剑类冷兵器

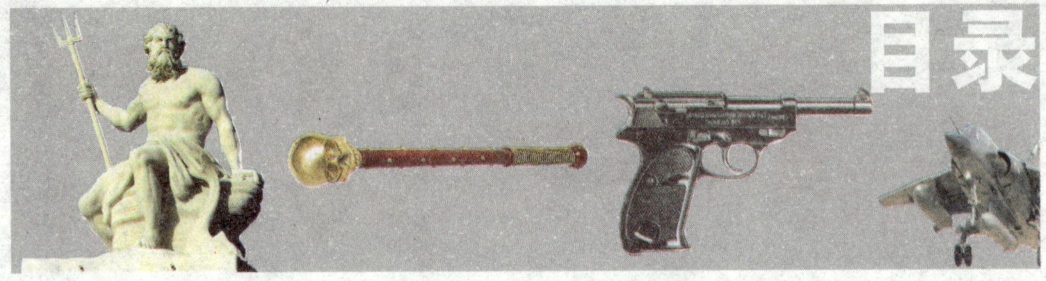

目录

目录

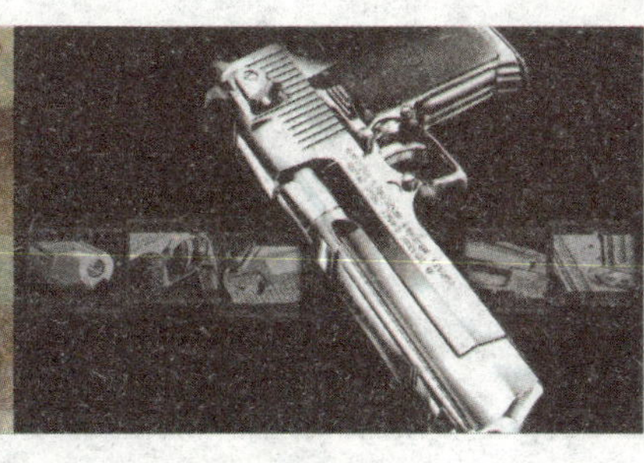

浩博的步枪世界

目录

精良的冲锋枪家庭

目录

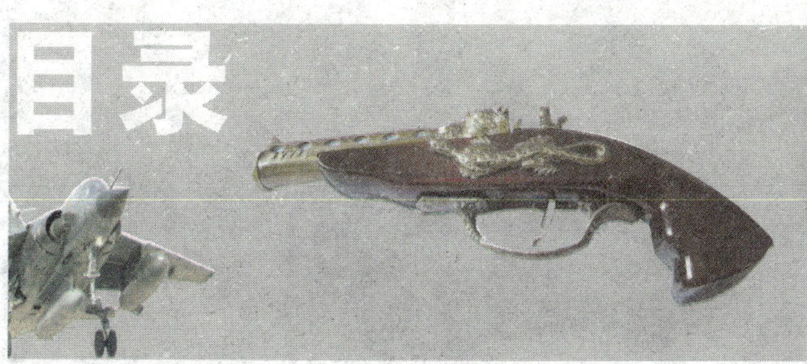

目录

目录

第五章　步兵的羽翼——装甲车

步兵战车

装甲输送车

目录

目录

目录

第七章 海上战士——军用舰艇

古代战船

海上舵主——航空母舰

海上猛将——巡洋舰

全能高手——驱逐舰

精巧卫士——护卫舰

目录

目录

第一章

古代冷兵器

GudaiLengbingqi

冷兵器出现于人类社会发展的早期，由耕作、狩猎等劳动工具演变而成，随着战争及生产水平的发展，经历了由低级到高级，由单一到多样，由庞杂到统一的发展完善过程。冷兵器的性能，基本都是以近战杀伤为主。在冷兵器时代，兵器只有量的提高，没有质的突变。火器时代开始后，冷兵器已不是作战的主要兵器，但由于它的特殊作用以及在各国、各地区的发展进程不同，冷兵器一直沿用至今。

刀

刀的套路有单刀和双刀两种，均以劈砍为主。单刀要求勇猛迅疾，多有缠头撩花动作。双刀更富于观赏性，好手舞起，犹如团雪滚滚，不见人影。清乾隆初年，安徽宿州人张兴德以双刀著称，人称“双刀张”。当时山中多狼，为害行旅，张兴德携刀而往，三日之内连杀九狼，传为佳话。同治年间，捻军中有一少妇名刘三姑娘，也以双刀闻名，但后来率众投降清军。

斧

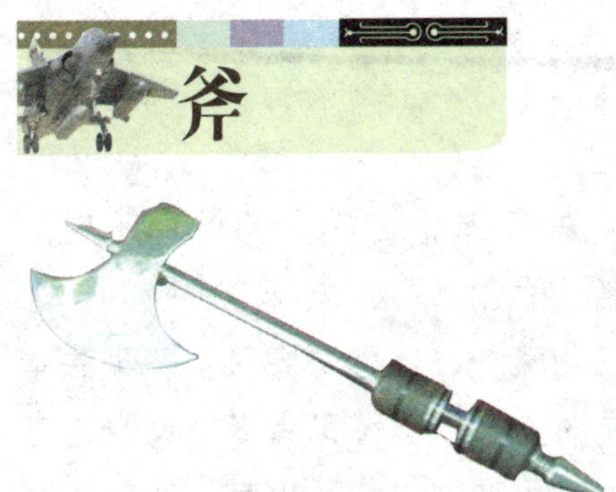

“程咬金的三板斧”是中国民间流传颇广的俗语。在文学作品中，程咬金性情暴躁。他手使一柄宣花大斧，劫皇纲、三斧定瓦岗，当了混世魔王。但这只是小说家言，其实，历史上的程咬金既不鲁莽，也不用斧。史书记载，程咬金又名知节，“少骁勇，善用马槊(一种长柄矛)。”是隋末农民起义的骁将之一。斧，最早是作生产工具和狩猎工具使用的。人们先将石块制成石斧，后来和弓箭一样成为战争的武器。到了汉代，斧钺多用钢铁锻造，在军队中使用。

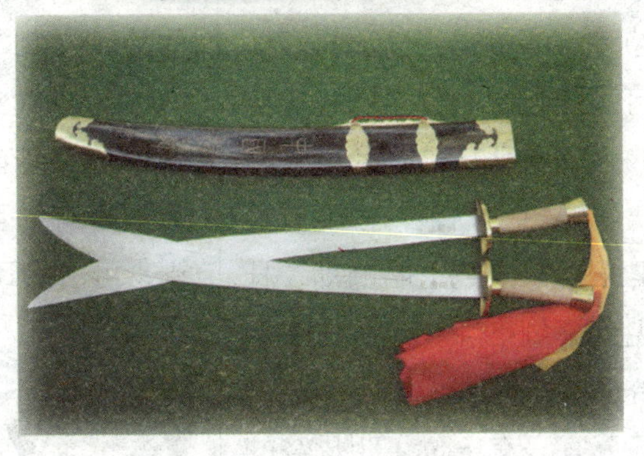

枪

长矛——习称“红缨枪”、“梭镖”，是一件有效武器。矛(枪)是中国古代历史最为长久的武器品种之一。直到明清时期火器较普遍装备军队以后，枪仍然是军中常备的格斗兵器之一。在《清会典图·武备》中所收乾隆二十一年(1756)定的枪式就达16种，如雁翎枪、虎牙枪等。雁翎枪刃长约定俗成直径6厘米，全长约2.3米；虎牙枪刃长约定俗成直径2厘米，全长约2.91米。这两种枪直到19世纪中叶才从正规军队中淘汰。

剑

剑为双刃，以撩刺为主，风格轻灵潇洒。剑术也分单剑与双剑两种，以单剑为多。清咸丰、同治年间，河南开封有一位名叫杜宪英的少妇特别精通剑术。有一次坐船出去办事，夜晚有一群强盗乘夜色上船抢劫，杜宪英挥剑格斗，连杀三盗，群盗鼠窜而去。更早一些，江苏宜兴有一位名叫周济的著名词人，武功卓绝，曾击杀盗匪多人。因此，周济与盗匪结仇，有两个大盗一直想找机会报复他。周济有一次去北方办事，路过山东，两盗尾随其后，准备在旅店下手，而周济毫无察觉。当夜，两盗扑入周济的房间，举刀便砍，周济仓促应战，手无兵刃。正危急间，一位少女执双剑飞步而入，双剑"夭矫若长虹"，片刻之间，已将二盗刺死。周济见此女武功远胜自己，拜问姓名，才知是旅店主人之女，名叫红蛾，原来她早就认出这两个强盗，于是暗中加以提防，在危急之际出手救人。

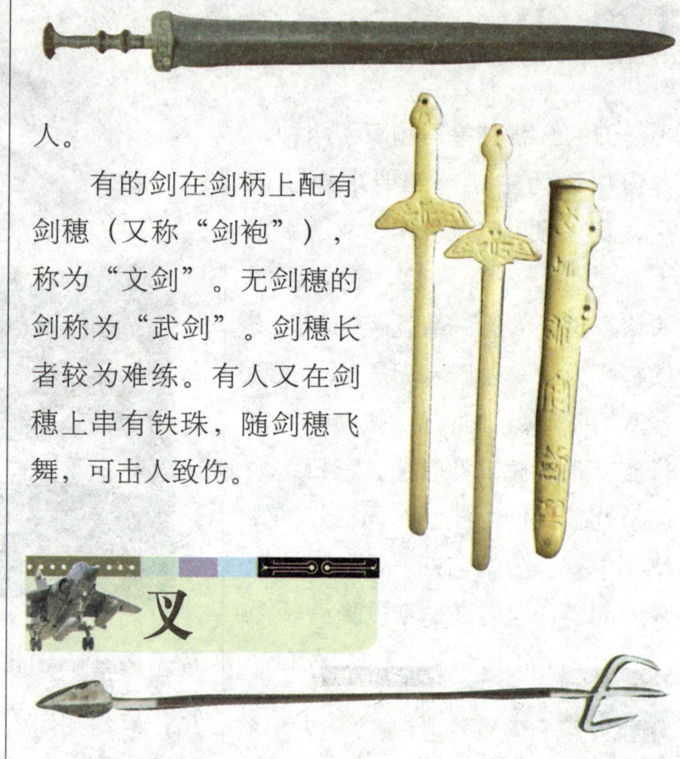

有的剑在剑柄上配有剑穗（又称"剑袍"），称为"文剑"。无剑穗的剑称为"武剑"。剑穗长者较为难练。有人又在剑穗上串有铁珠，随剑穗飞舞，可击人致伤。

叉

叉是一种常见的兵器，古代多为猎户所用。末端分两股的，名"牛角叉"；末端分三股的，名"三头叉"或"三角叉"，俗称"虎叉"。叉法本于枪法，也可锁拿对方兵器。练叉者多在叉身上套上若干铁环，演练时可哗哗作响。也有人能使叉在全身上下滚动，俗称"滚叉"，颇具观赏性。

鞭和锏

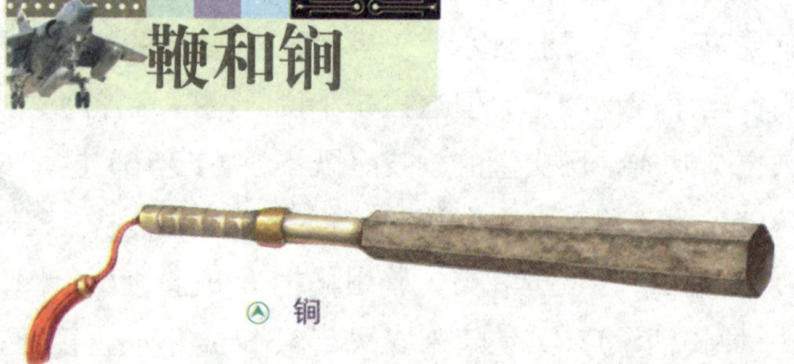

锏

鞭和锏，都是中国古代以钢铁制作的手握短柄兵器，与刀剑不同，它们不是用锋刃去刺斩敌人，而是以砸击伤敌，因此它本身质坚体重。同时这两种兵器也与刀矛不同，并不是大量装备军队的常用兵器，常常是一些勇将喜用之物。《武经总要》中的铁鞭较粗，越向前越细，鞭端近尖锥状。鞭体与握手的短柄之间，有类似刀剑的卫手，但较小，仅比鞭体的直径略粗。这种鞭的尺寸、大小长短和重量随使鞭人的力量强弱选择，从这一点也可以看出是少数人使用的特殊兵器。在《武经总要》中还有一种形状更特殊的鞭类兵器，称为“连珠双铁鞭”，在一个不长的铁棒顶端，装有套环，套环上装有一节铁链，链端又联装一节短棒，短棒再装套环，又联装第二节短棒，使用时可挥舞链装的两节铁棒砸击敌人，也是颇为厉害的兵器。在今天的武术器械中，鞭和锏都各占有一席之地。鞭仍多为竹节形状，击法有拐、崩、砸、挂、挑、截、封、闭、架、挡、摔、掉、点、扫等。锏有双、单之分，一般以演练双锏的为多。练时要求猛、快。击法有上磨、下扫、中截、直劈等24法。此外器械中还有一种多节的软鞭，常是九节鞭，不用时可以围于腰际，有人把它们与兵器中的鞭混为一类，其实它是与古代铁鞭根本无关的另一种杂兵器。

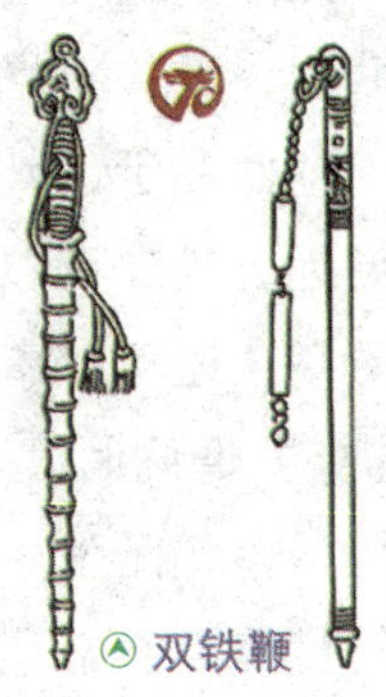

双铁鞭

棒

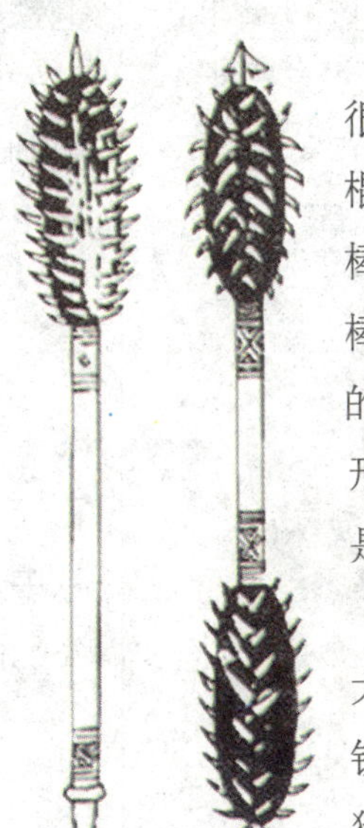

我国古代，棍棒的名称很多，叫作杖、杵、梃、棒、棍等。《武经总要》记载，棍棒的种类很多，最常见的是杆棒，为了加强杀伤力，在棍棒的端头加附各种坚利之物，就形成不同形制的棒。狼牙棒是宋代军队中常用的兵器。

《西游记》中的齐天大圣孙悟空，他凭一条金箍铁棒，七十二般变化，入地狱，上九天，十万天兵肝胆惊。后来他保唐僧西天取经，一路捉怪降妖，终成正果。

狼牙棒

弩

弩是在弓的基础上发展起来的远射武器，是搭箭引弓，蓄劲突发比弓更先进的武器。结构上增加了弓臂和机栝。它的优越性在于，其一可以加大张力，射程更远。其二可以延长瞄准时间，命中率更高。还可以事先把弩弓拉开，等待时机，多弩同时发射，使敌人猝不及防。但与弓相比张弓慢，灵活性差，特别是对付骑兵，必须讲究阵法，方能克敌制胜。《孙膑兵法》所列阵法中多次使用弩，成功地应用于实战，大败魏军的马陵之战中就成功使用弩杀伤魏军。根据弩的特点，它最适合步兵的使用，成了传统的驷马战车的克星。一般士卒使用的弩有黑漆弩，白桦弩和黄桦弩等强弩，也有臂张的跳蹬弩和木弩。

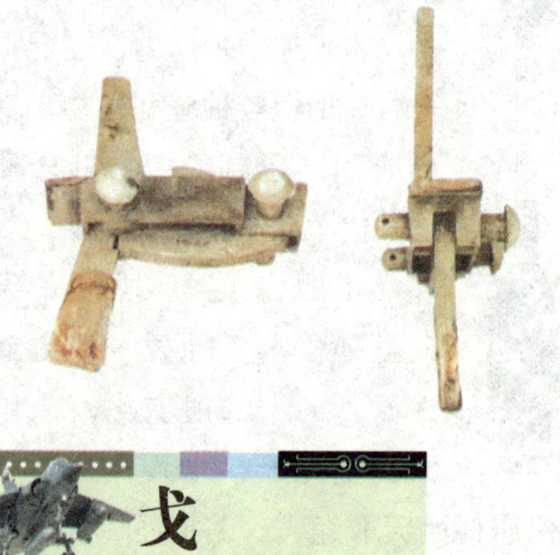

戈

中国的特色兵器，它和古埃及的镰头剑一样是世界上独一无二的民族兵器。但是实话实说，戈并不是杀伤很强的武器。戈的种类繁多，从夏朝到汉朝都一直在流行，到隋唐基本绝迹。戈是中国的老兵器，因为是横刃，所以使用起来以钩，啄，挥，推为主。

直内戈

戟

“吕布射戟”是三国时期颇具戏剧性的历史事件。三国时期的戟，都是钢铁制造的，戟体较长，前锋是两侧带刃的尖刺，由于有侧刃，所以除了向前扎刺外还可以横斫。在锋刺的一侧，横伸出一支向前弧曲的旁刺，称为戟支，即“小支”。因此，这种兵器兼有刺、挑、叉、钩、斫等多种功能，具有较强的杀伤力，在三国时期步卒和骑兵都以它作为主要的格斗兵器。在中国古代文献中，明确记载用戟战斗的事例出现于公元前712年。

吕布射戟

盾

盾，也叫干。在我国古代，作为一种防身卫体的兵器，可以用来遮蔽飞蝗箭雨，近战肉搏时，士兵一手挥舞刀剑砍杀敌人，一手持盾保护自己的身体。

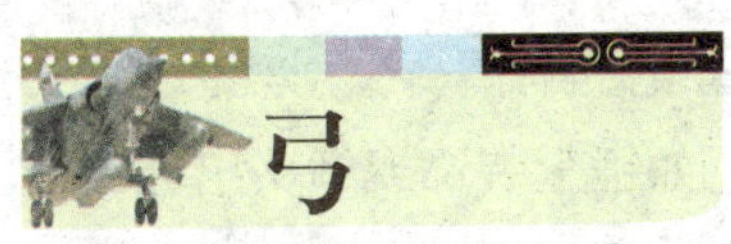

弓

射箭用的器械。起源于原始社会，最开始的时候是将树枝弯曲，然后绳索绷紧制成，以后在制作技术上不断发展，选材、配料、制作程序和规格逐步充实，精良。但弓的基本动力原理和形制没有改变，即由弓背，弓弦两部分组成，射箭时拉引弓背弯弦使弓背弯曲度加大，利用弓背屈伸的弹力将箭弹射出去。使用方法有双臂拉引，也有脚手并用拉引的。弓是古人战争中远距离打击有利武器，自人类出现战争到近代枪炮大量使用为止，弓的作用是任何武器无法替代的。

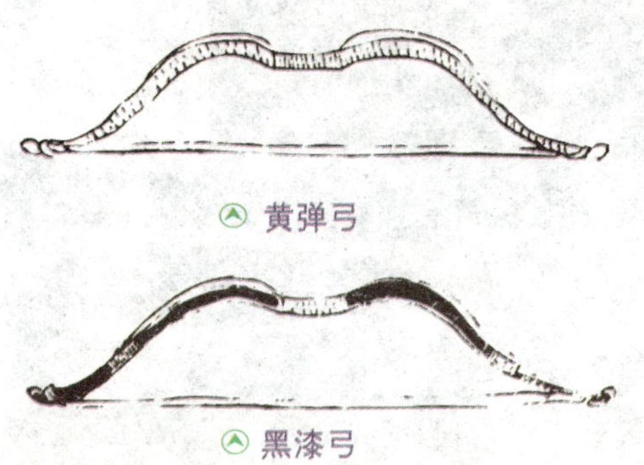

黄弹弓

黑漆弓

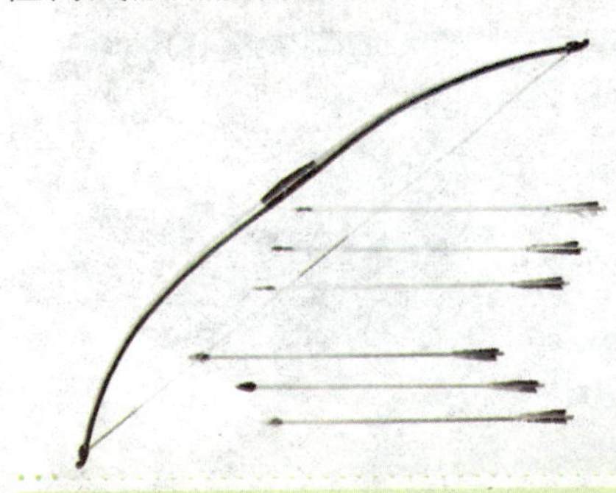

钩

钩，一件可探攻可杀剐的凶狠利器，中国武术器械之一，由戈演变而来。春秋战国时期，戈、钩、戟并用。从卫墓出土的铜钩看，钩的形状似戟，只是戟上边为利刃，而钩上边为一线钩形，故名钩。武术所用的钩有单钩、双钩、鹿角钩、虎头钩、护手钩、挠钩等。

其中，以护手双钩流行较广，因其有钩，有刃，有月牙，有钻，属于多刃器械，较难习练，容易伤及自己，故无“缠头裹脑”、“舞花”等动作。但钩在用法上有自己的特点，有钩、搂、掏、带、托、压、挑、刺、刨、挂、推、拉、捉、锁等手法。为了发挥钩的多刃作用，演练时要求有起伏吞吐的身法来配合，因此有“钩走浪式”的说法。

钩的套路有查钩、行钩、十二连钩、梅花虎头钩、雪花钩、踔钩、卷帘钩等。对练套路有“虎头钩对枪”等。

锤

锤，古代兵器、武术器械之一，是一种带柄的锤状打击兵器。早在新石器时代晚期有石锤，后来又发展为青铜锤和铁锤。锤有长柄单锤、短柄双锤及链子锤。带柄锤，始见于春秋战国时期。《史记·魏公子列传》记有魏公子信陵君，令朱亥用40斤铁椎(椎即锤)击杀晋鄙，夺取军权的故事。锤虽非常备兵器，但历代都有使用。明军常使用绳系飞锤。锤在明代禁卫军中是必备之物，因明代皇宫中所有大殿之中是禁止使用刃器的。锤在军队中也是武将不可缺少的后备兵器。

明代锤常见的有骨朵，蒺藜，蒜头等多种造型，如锤上装饰或锤头出现14面体(由6个正方型面，8个正三角型面与12个角组成)的器型，则多数为清代之物。锤的形制很多，有的形似瓜，故有立瓜、臣瓜等名称；也有四方形、八棱形、方头形、长圆形、蒜头形；还有锤头带刺的“蒺藜”。

欧洲刀剑类冷兵器

欧洲大陆自古以来就有用刀剑的记录，而刀剑发展到16和17世纪达到顶峰。这时期内，除贵族平时佩用的装饰剑外，主要的刀剑有以下：

长剑

长剑在中世纪早期已经出现，这是一种轻、薄、长短适中，单、双手都方便使用的武器，主要以切削、突刺为主要攻击方式，刃长70里面～80厘米，柄长20厘米～25厘米，柄头无装饰或只有长椭圆配重球。但是这种剑的破坏力实在太小，主要是一般士兵防身的武器。

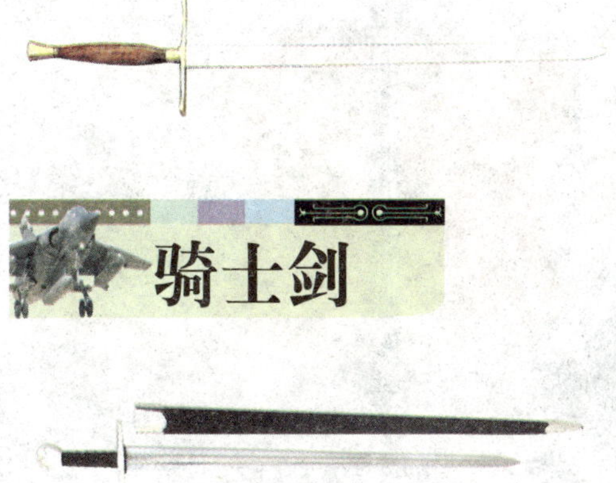

骑士剑

马上的骑士在11世纪时出现了专用的武器：长枪和鸢盾，但是使用盾牌和操控马匹使骑士的长剑失去了双手使用的价值，而又窄又薄的长剑对锁链甲的破坏力又不足，所以，骑士专用的刀剑出现了。剑刃为锐角等腰三角形，长70厘米～80厘米，握把仅容一手握持，并有较大的配重球。在马战中可以充分发挥突刺的威力。但是，万一必须步战，这种剑砍劈的作用实在太差……所以到12世纪，阔剑和斩剑出现了。

阔剑

阔剑是有着典型英格兰风味的武器，平行的剑刃，长椭圆的头部，较宽厚的刀身和足够双手使用的剑柄，属于非常没特色的武器，但是无论是马上、步战、平时防身、水上战斗都能发挥作用，是11到15世纪主流的个人武器，但是到15世纪，发达的冶金技术，使它的地位逐步让给了大剑。

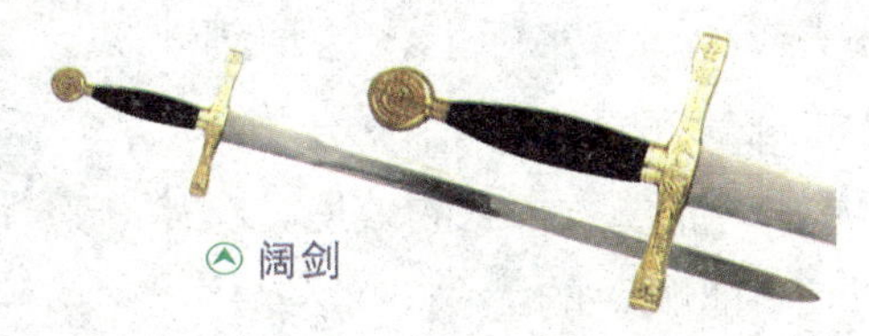

阔剑

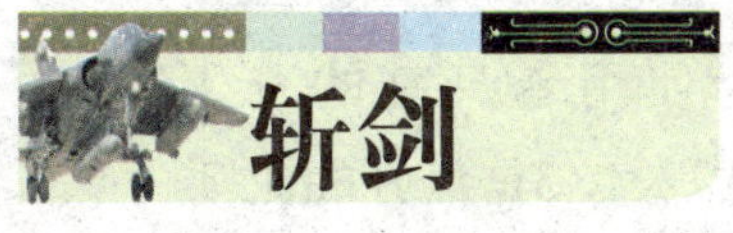

斩剑

这种剑是纯粹的步兵剑。看过电影《勇敢的心》的人对它应该有很深的印象。至少1.5米的长度，钝圆的头部，宽阔但薄的身体，握把上方有一段无锋的部位，一切的一切都是为了“砍劈”而存在。在苏格兰人抵御英格兰人的战斗中，针对英格兰整齐的长矛步兵阵，擅长混战中“一斩多”的斩剑发挥出了它的威力。但是作为军队的装备，它实在太过极端了。所以，除了一些佣兵外，人们逐渐对它失去了兴趣。

斩剑

《勇敢的心》中的斩剑

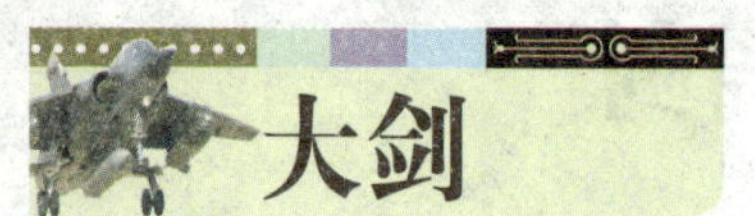

大剑

15世纪，随着阿拉伯、中国、日本先进的冶金技术传入欧洲，长久以来困扰军人和佣兵的“斩刺不能两全”的问题由这种剑的出现而解决。因为同时拥有骑士剑的“突刺”和斩剑的“砍劈”以及阔剑的“顺手”，所以人们习惯称它为“杂种”。实际上，这种剑可说是最完美的。无论是否使用盾牌，都能发挥它的效用。

一把顺手的大剑，其实并没有统一的标准。一般来说，刀刃长度为使用者身高的一半，柄长为刃长1/3是最好的比例。

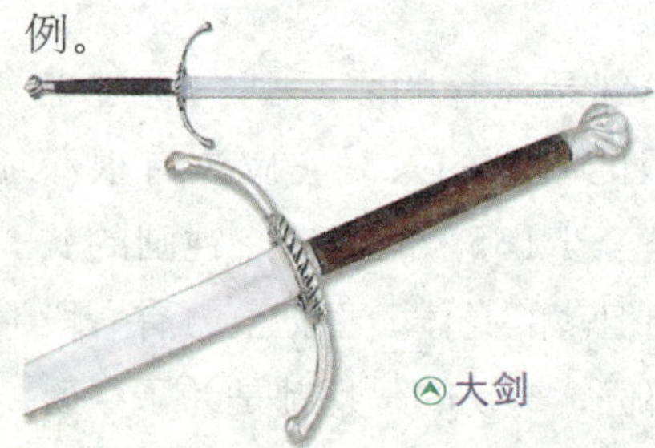
大剑

动画《罗德斯岛战记》中，帕恩的魔法剑，阿修拉姆的碎魂都是大剑。《魔戒》中，阿拉贡的剑也是大剑。

《罗德斯岛战记》中的大剑

《魔戒》中的大剑

穿甲剑

正如斩剑将“砍劈”发展到了极致，以发挥在对付以锁链甲为装备的轻步兵的杀伤力，在14和15世纪，与大剑的流行同时，冶金技术的发展也使沉重的钣金铠变得坚固且轻巧灵活得多。越来越多的骑士和佣兵青睐这实用而简单的装备。而一些富有的将士也在轻锁甲外装上钣金铠提高防御力。锐利的大剑都不能穿透这样的铠甲。而步兵的矛也没有这样的穿透力，因此，又一种极端出现了。

穿甲剑和斩剑是同等级的武器，确切地说，其实是一种放大的锥子。完全没有考虑斩杀的需要，在长达90厘米～100厘米的剑身上，往往有着三棱、四棱、菱形甚至圆形的横截面。可以双手使用的剑柄后往往有着如同短枪托似的配重球，可以用肩膀加大突刺的力量。

虽然对穿着铠甲的士兵来说，穿甲剑是如同恶魔般的存在，但是在肉搏时威力会大减。但是对于真正擅长使用它的高手来说，高速挥舞时的穿甲剑锐利的尖端是有着极其可怕的威力的。而这时，他们也会用预备的左手短剑对敌人伺机做最后的一击。

左手短剑

以法语“左手”为名的这种短剑，可以说是为击剑手而设计的。黑白电影《王子复仇记》最后决斗时双方都拿两把剑，其实左手短剑是为了弥补讲究轻巧而牺牲防御力的击剑术而出现的。

左手短剑

其中最极端的例子就是盾剑。而这种剑也有蛇状，带锁扣的各种怪异设计……总而言之，是辅助类的武器，但不少盗贼也喜欢使用这种轻巧的武器。而且是拿两把！

细身剑

在现实中，细身剑是德国贵族平时喜爱的武器，而在奇幻小说的世界里，这种武器成了妖精和女性极其偏爱的东西。当然，在古代，护卫重要女性的女佣兵也有它的爱好者。

虽然号称细身，但是它和后来专门用来突刺的西洋剑（就是平时击剑比赛中的重剑或花剑）有很大的区别。确切地说，其实这应该是一种为女性或体格瘦小者重新设计的大剑。

虽然剑身很窄，和剑柄同宽，但是它略厚的刀脊使它在双手握持挥砍的时候也有一定的破坏力。《罗德斯岛战记》外传中就有“一击斩断骷髅脖颈”的描写。

由于它有很大的装饰余地，所以不少对体力自信的贵族对它青睐有加。从大仲马《三个火枪手》中波尔多斯擅长斩击来看，他很可能也是用的这种武器。

细身剑

十字剑和花剑

中世纪几近结束时，随着火枪的出现，剑已经成了配火枪的主武器，金属盔甲渐渐退出了战场，剑术也变成了以刺为主，于是，十字剑便登上了历史舞台。这种剑比较华丽，单握的剑柄，盾般的护手和细长的剑身能刺击，西班牙和法国的某些十字剑还有较阔的剑刃，可以进行切削，但威力较弱，不过，这种剑作为“文明”点的冷兵器被一直保存至今。

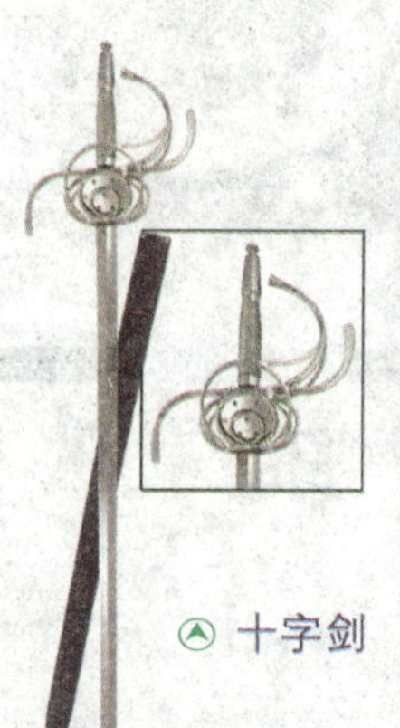

十字剑

弯刀

说到弯刀，大家都会联想到阿拉伯的弯刀。

阿拉伯的弯刀设计思想和欧洲的骑士剑非常相似，都是为了高速的马上战斗而设计的。在实际战斗中，骑士们为了节省体力，水平握持施西利弯刀，利用战马的速度向敌人冲过去，利用大马士革钢刀锋利的特性，在无声无息中将敌人的头颅削去！而且弯刀的设计，实际上也考虑到沙漠中无法穿戴沉重坚固的金属防具这一点。而在重铠流行的欧洲，弯刀在陆战中根本占不到便宜，所以在因为严寒而无法使用钣金铠的俄罗斯大陆以及以皮铠为主的水上战场获得欢迎。更重要的是，弯刀比剑更适合砍缆绳。

习惯使用大剑的欧洲人对弯刀

弯刀

也进行了改良，使之可以双手使用。从刀身的宽度，可分为偃月刀、半月刀和新月刀，分别对应大剑、阔剑和细身剑。还有很接近原形的哥萨克军刀，以及后来的佩剑，水手用的阔背短剑等。

短刀

小号的弯刀，长约7厘米～10厘米。主要用于近距离贴身格斗，故剑柄用黄铜打成杯状。为海盗所用，西班牙无敌舰队覆灭后沦为装饰。

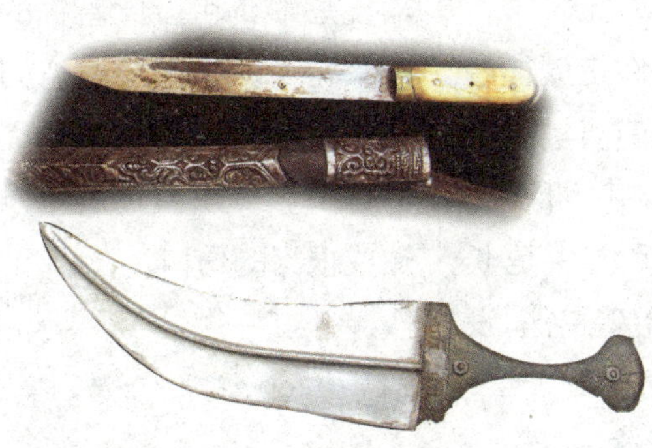

军刀

在实战中鲜有使用（到17世纪即《三个火枪手》时期都是大剑配合火

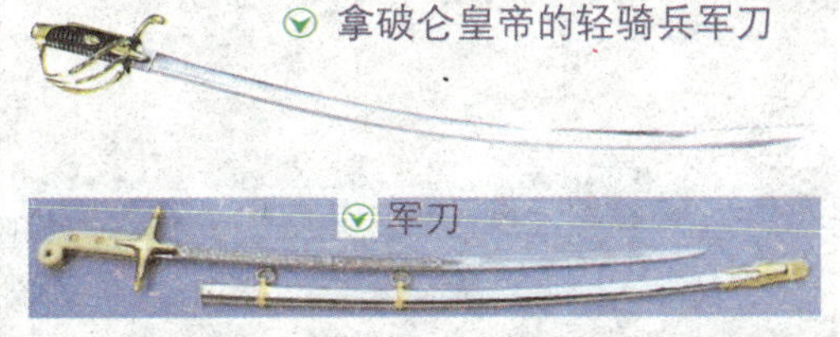

拿破仑皇帝的轻骑兵军刀

军刀

枪，军刀只是一般的日常佩剑和决斗武器，地位相当于现代的民用手枪），直到拿破仑时代因为铠甲衰落而登上战场。一般全长90厘米～100厘米，柄有护手，单刃，有的有一定弧度，方便砍杀。一般认为是由细身剑发展而来。

短剑和匕首

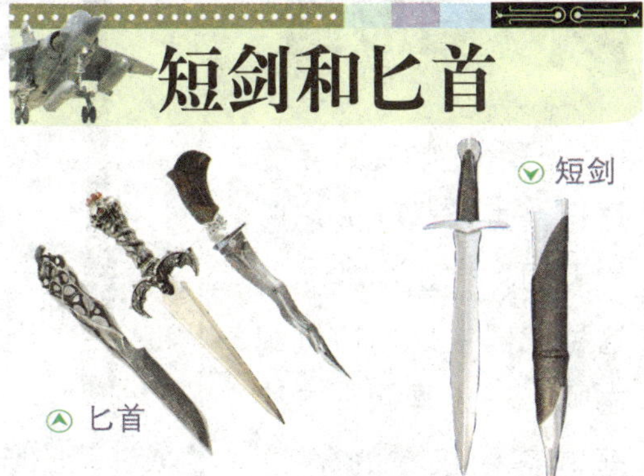

短剑

匕首

一般作为第二武器使用，方便，快捷。短剑和匕首是绝对不能忽视的武器，有经验的战士手中常预备着这种武器给敌人以最后一击。

双手巨剑

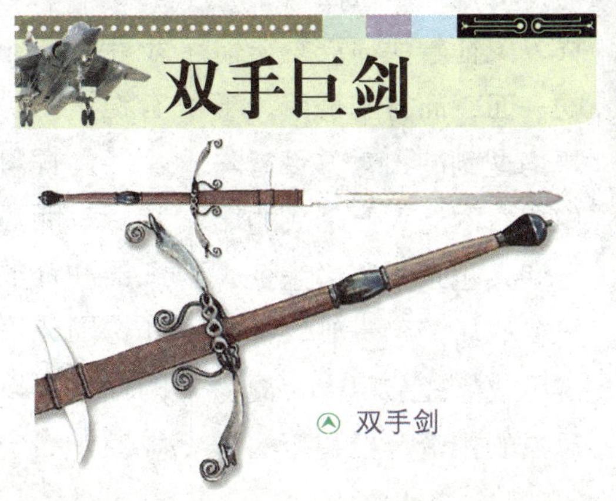

双手剑

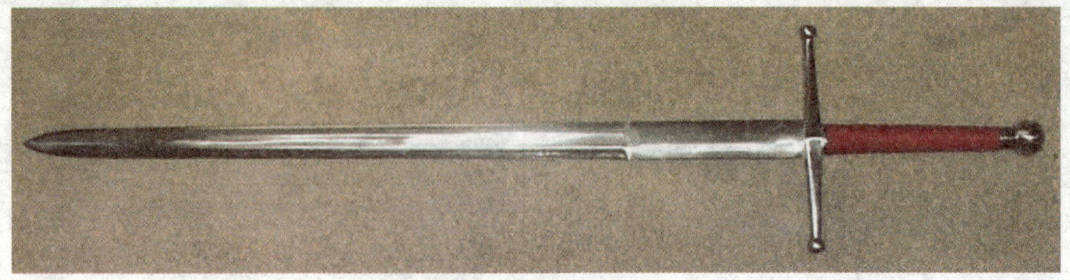

以双手使用为基础的大型砍劈武器，厚度一般在1.5厘米左右，长160厘米，其中柄40厘米。在刀身上靠近护手处有30厘米无锋的部分有血槽，一般有多个装饰突起。

焰形剑

焰形剑德文原名的意思，直译是“火焰般的刀刃”。正如其名，这种武器在15到17世纪之间，一直是德意志法庭和宫廷权威的象征。穿着法袍的士兵手握双手焰形剑（Zweihande Flamberge）正如同中国的衙役手持水火棒，罗马侍卫肩扛“法西斯”一样，象征着法律严酷无情的一面。而身不着甲，手舞焰型剑冲入对方弓弩阵中左右砍劈大开杀戒的瑞士佣兵也正如苏格兰令人恐惧的斩剑手一般，是无装甲或者轻装甲士兵最为恐惧的噩梦。但和无法当

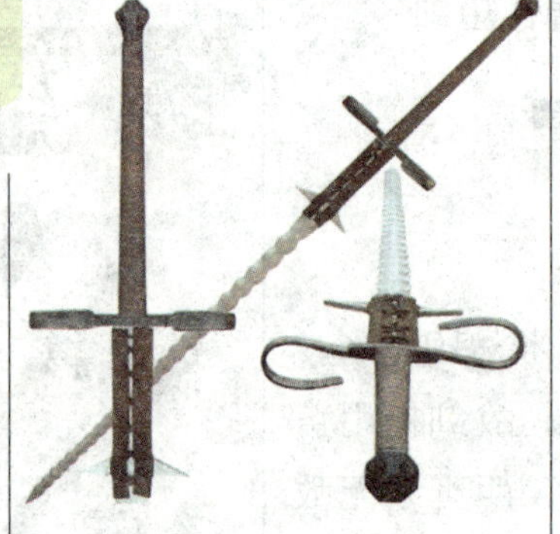

成冲锋陷阵的兵器使用的水火棒或法西斯比起来，从这点来看也许正象征着日耳曼民族的简洁实用主义。由于当时欧洲战场的第一列步兵往往是长矛手、火枪手等完全没有铠甲防护的轻步兵。挥舞着这种巨大而恐怖的武器冲锋的瑞士和德国山民组成的佣兵可以很快地撕开第一道防线，直接把重步兵和来不及冲锋的重骑兵暴露在己方火力和骑兵冲锋的锐锋之前。而那和马来西亚库里司剑极其酷似的曲刃对于无防御的肉体来说是一种残酷而有效的武器。焰形剑可以比直锋的剑砍得更深，又不像弯刀那样需要垂直于切面的大力挥舞，一次直抹就可以造成很深的伤口。

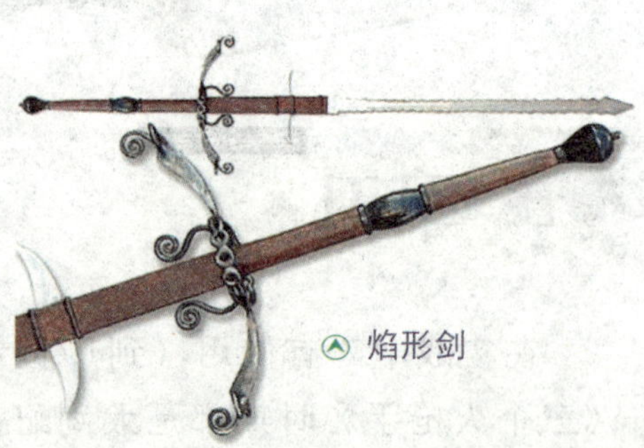

焰形剑

欧洲枪矛类冷兵器

长枪和标枪

枪是在匕首成为战争工具后的不久就发展出的。为了弥补匕首短小的缺憾，人们在匕首上装上长柄。石器时代的枪主要是用来投掷的。到希腊，罗马时代，金属制的枪头和富有弹性的木杆使枪作为投掷武器有了长足的进步。手持的刺枪则成为骑士出现前，步兵常用的中距离肉搏武器；而后期3米多的反骑兵枪则是阵地战斗的必需品。

骑枪

骑枪

骑枪的规格是确定的。在两米左右的长杆头上安装尖锐的金属锥体，硬木制的枪身在手的位置有护手，后部有配重的木锥，同时，在马鞍上制出“枪托孔”以在冲锋时吸收刺杀的冲击力。骑枪基本上是作为一次性的武器使用，因为很少能有在一次冲击下保持完整的骑枪。

龙刀枪

在长枪的柄上装上大剑的刃。虽然在冲刺的杀伤力远不如骑枪，但是，在冲进敌阵后却是可怕的砍杀武器，尤其是混战中的它实在是令人闻风丧胆。

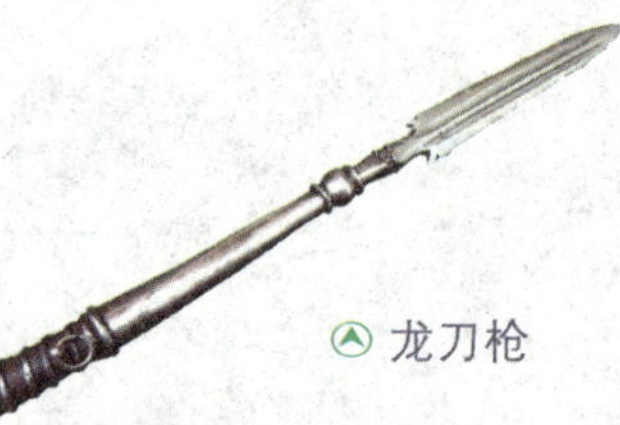

龙刀枪

斩矛

在轻步兵的战斗中，沉重的龙刀枪对铠甲的破坏力比起挥舞的难度是得不偿失的。而阿拉伯的弯刀对软目标的杀伤能力有目共睹。欧洲的军人们在文艺复兴后，吸收了阿拉伯弯刀和东方关于中国大刀的传说后，发明了斩矛。它和日本的雉刀外形几乎一模一样，在火器时代前发挥了巨大的作用。

斩矛

戟

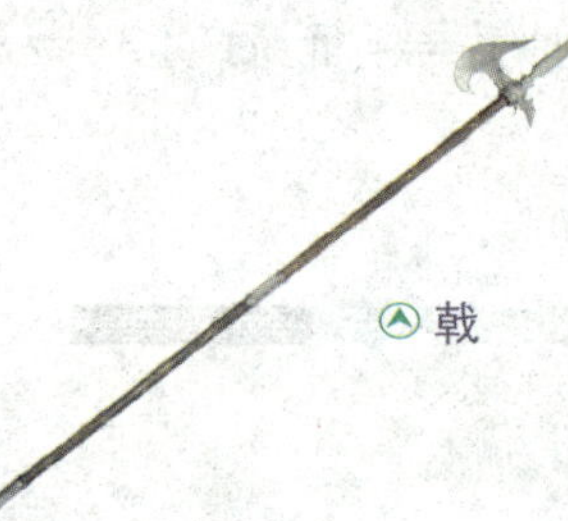

戟

在有些外国小说中，戟被翻译成巨斧或巨枪。其实都没错。因为它就是斧子与枪的结合体。斧子的砍杀，枪头的突刺，镰钩的钩啄，一兵3用。随着宗教战争在欧洲的发展，它随着宗教审判的恶名永远留在历史中。但单纯作为武器来说，虽然沉重了一点，但是杀伤力是绝对理想的。可以说是“百兵之王”。

三叉戟

历史上使用三叉戟作战的除了罗马的角斗士外，恐怕是绝无仅有了。三叉戟本来是一种渔具。平民必须作战时，这是非常容易得到的武器。但是在戟出现后，又有一种武器也可以被叫做三叉戟。和一般的戟不同，这是由3个剑刃和柄组成的十字架武器。一般是宗教骑士所使用的圣具而非纯粹的武器。它杀伤范围大，威力却一般。

西洋斧类冷兵器

在人类所使用过的武器中，斧子与剑一样，是最基础和常用的短冷兵器。但是和剑繁复多样的形制比较起来，斧子要朴实简单得多。

短斧和战斧

短斧最初出现在石器时代的人类手中。原始的石斧既是工具，也是武器。当金属斧子出现时，它也同时出现在战场上的战士与劳作的人们手中。古希腊时期，斧子和短剑往往作为投枪手用完标枪进入肉搏时候的近身武器。而在中世纪，使用短斧肉搏的战士只多不少，而且短斧也逐渐与劳作的工具分道扬镳，变成和剑差不多长度的主力武器。这之后就被称为战斧。甚至到拿破仑皇帝时代，工兵们的招牌，也还是那威武的战斧。除了杀敌外，战斧也往往是建设工事，甚至推开飞到将领脚下的炮弹的好工具。

短斧

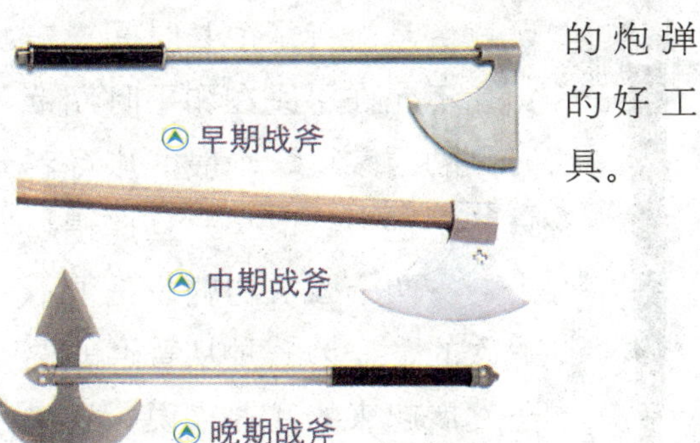

早期战斧

中期战斧

晚期战斧

投掷斧

投掷斧衍生于短斧，也可以当作短斧使用。它们往往短小而轻，而且在重心设计上精心计算，以保证投掷后以柄的中点旋转，精确地砍进目标。北欧的战士和印第安人都喜欢这个武器，并且往往携带好几把。他们甚至有以投掷斧子来竞赛的传统。

投掷斧

搏斗斧

搏斗斧是短斧家族中的另类。它们最大的特点就是尖锐突出的前段，可以用来刺杀敌人。在16世纪之后，搏斗斧和大剑一直是肉搏战武器中的主流。

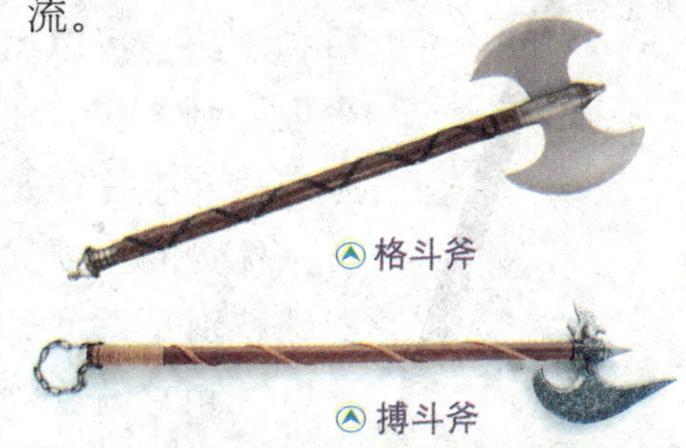

格斗斧

搏斗斧

巨斧

简单地说，就是放大了的战斧。比较流行的是哥特式和蛮族式。前者适合马战，后者适合步兵。因为巨大的重量，使用巨斧的战士往往粗壮。而且巨斧每次砍下都需要用力才能再度提起，所以是威力大，破绽也大的武器。巨斧的刀身往往特别的厚重，以提高对铠甲的破坏力。

哥特式巨斧

蛮族式巨斧

矛斧和卫士斧

卫士斧

如同一把短戟，矛斧是单双手都可以握持的沉重武器。除了凶猛的劈砍外，尖锐的前沿和矛头也可以用来推、刺、扎。在室内战斗中往往是占据优势的主要武器，特别是守城的一方。和它同族的卫士斧也是沉重的双刃斧。特别适合在高处对下劈杀，尤其是在城堡的楼梯一类。

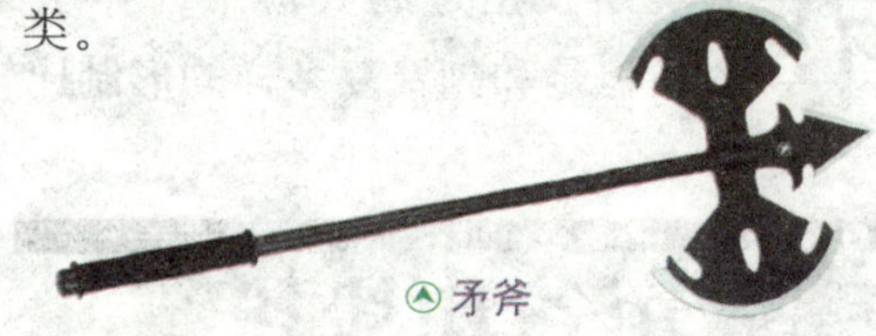

矛斧

西洋钝器类冷兵器

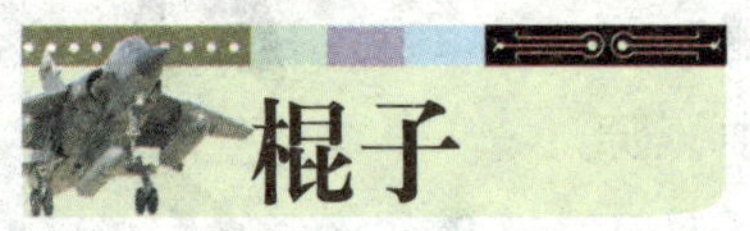

棍子

看见过棒球棍吗？在它的大头上绑上铁皮，或者固定一块石头或者大型动物的头骨就可以了。

棍子

钉锤

在有弹性的长木棍的头部包上带钝刺的铁皮，这个全长不过30厘米，重不到1斤的小玩意倒是流行了很长时间。毕竟在不允许平民在和平时期带刀剑的国家里，一般的旅行者只能用这个。但是一旦挥舞起来，一两个强盗的脑袋是很不够砍的，作为一种从普通的棍子发展起来的武器来说，确实很有效。

钉锤

流星锤

这个和中国的流星锤大不一样。它是在铠甲发展到一定阶段后，士兵和旅行者们喜爱的武器。在 1 米左右的金属杆顶安装上极强的短弹簧连接一个1斤左右的刺球，一旦居高临下地砸下来，其势如流星，一般的头盔都会被砸坏。

流星锤

战锤

王者之王！无坚不摧的武器！就好像是一个大榔头。但是德国式的略微不同，它锐利的镰刀状锤头是最强的重武器了。缺点是实在重得可以，能用的人极少。

战锤

硬头锤

硬头锤的钝端由许多不开锋的斧刃组成，但是因为没有真正的刀刃，还是算作钝器。面对金属铠甲，用剑是愚蠢的行为，因为剑刃根本砍不动厚重的甲板，除非是穿甲剑。所以，步战中最称手的兵器，一种是斧子，另一种就是这个硬头锤。它不但不怕卷刃而且还能砸瘪铠甲。中世纪的俄国军官佩带硬头锤，当作象征身份的权杖。

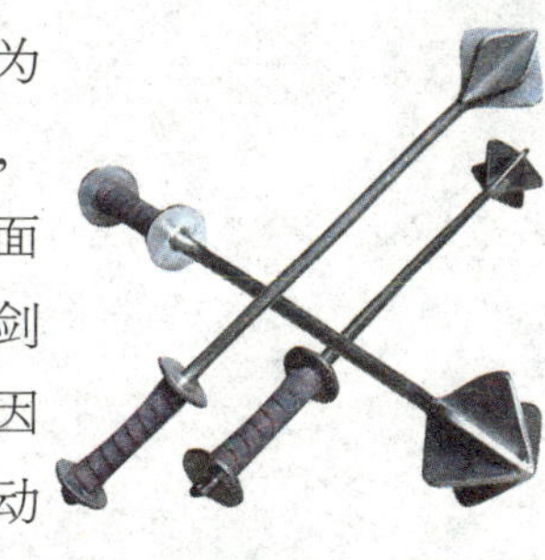

链枷

很多时候，链枷和链锤都被混淆了。其实链枷本是农民打麦的东西，很像中国的双节棍，但是要大得多。一旦被打到一下，哪怕穿链子甲都有骨折的危险。

第二章

步兵的好助手——轻武器

Bubing De Haozhushou Qingwuqi

轻武器是指枪械及其他各种由单兵或班组携行战斗的武器，又称“轻兵器”。主要装备对象是步兵，也广泛装备于其他军种和兵种。

轻武器主要包括枪械和手榴弹、枪榴弹、榴弹发射器、火箭发射器和无坐力发射器，此外还有轻型燃烧武器和单兵导弹等。其主体是枪械。

轻武器重量轻、体积小、便于携带、使用方便，特别适用于近战，是军队中装备数量最多的武器。

奇特的手枪

手枪是最早出现的火器，经过600多年的发展，它已形成了一个大家族。

手枪有很多类型，按使用对象划分，有军用手枪、警用手枪、民用手枪、特种手枪和运动手枪等几类；按用途划分，则有自卫手枪、冲锋手枪和信号手枪；若按结构划分，还有转轮手枪（即左轮手枪）、自动手枪和气动手枪3种。

手枪的最大特点是轻便、安全、反应灵活和隐蔽性好等。它主要配备给军官、特种人员、部分非步兵战斗人员（如飞行员）、警察和政府官员等。

目前，全世界手枪的生产已差不多被一些大的军火公司所包揽，其中较著名的有以下几个：美国斯图姆·鲁格公司、德国卡尔·沃尔特公司、奥地利格洛克公司、瑞士工业公司、意大利贝雷塔公司、比利时FN公司等，先后制造出了各类精巧的手枪，为斑斓的枪世界增辉添色。

德国沃尔特系列手枪

德国卡尔·沃尔特公司生产的沃尔特手枪至今已有近70年的历史，因外形美观、性能稳定、动作可靠以及工艺先进等特点，使其在世界名枪的行列中占有一席之地。

P1型9毫米沃尔特手枪

P1型9毫米沃尔特手枪是沃尔特的创牌产品——P38沃尔特手枪的改进型，P38是二次世界大战中德军使用的主要手枪。战争结束后，手枪的创造者将P38稍加改进，减轻了原枪的重量，并将其改称为P1沃尔特手枪。P1手枪的特点是枪管较长，9毫米口径的P1手枪是基本型。另外还有5.59毫米口径和7.65毫米口径两种枪型。P1手枪是最早采用双动扳机结构的枪种之一。

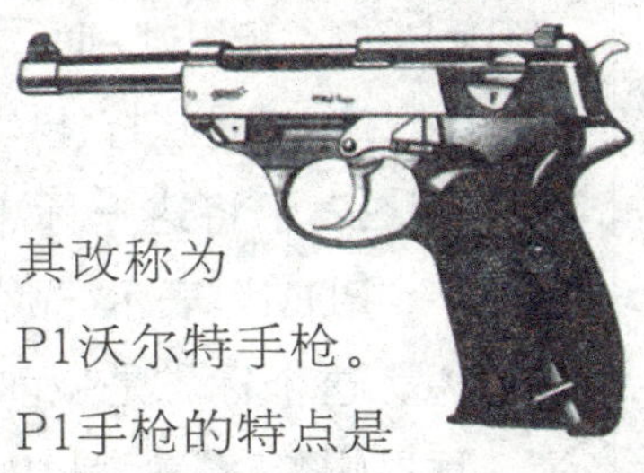

P1型9毫米沃尔特手枪

武器档案

口　　径：9毫米
自动方式：枪管短后坐，自动装填，双动
闭锁方式：铰链式
弹匣容量：8发
枪　　重：772克
枪　　长：218毫米
瞄准装置：准星-缺口式

7毫米PP和PPK沃尔特手枪

PP手枪是1929年沃尔特生产的初期枪型，当初设计时主要是为了供警察使用，其基本枪型的口径是7.65毫米，另外还制造了一些口径为9毫米、6.35毫米和0.22口径的PP手枪。1931年沃尔特公司为警察设计了一种便于隐藏在身上的小型手枪，取名为PPK沃尔特手枪，这两种枪在随后爆发的第二次世界大战中得到广泛使用，这两种枪小巧精致，为了便于握枪，弹匣的下部突出一个尖角，这成了该枪的一个显著的特征。战后由于该枪优越的特性，一些国家相继仿制，后来法国的曼诺金公司取得了制造这两种手枪的许可证。

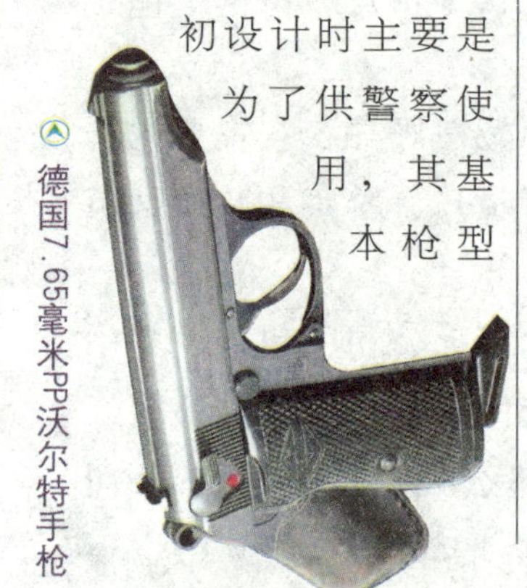

德国7.65毫米PP沃尔特手枪

标着"混合物"名字的PPK手枪

武器档案

口　径：7.65毫米
自动方式：气体后坐式
弹 匣 容：8发（PP）
7发（PPK）
枪　重：682克（PP）
568克（PPK）
枪　长：173毫米（PP）
155毫米（PPK）

"PPK"是德文"Pistole Polizei Kriminal"的缩写，表示"刑警手枪"。图中展示的枪由战前在采拉梅利斯生产的握把与套筒座，同战后在乌尔姆生产的套筒组装而成。该枪属于收藏家所说的"混合物"，乍一看收藏价值较低，但却是纯正的警用手枪。套筒座左侧面打印有两个标志，一个是"PDM"，另一个是用圆包围的"ByP"，但出厂时又在"ByP"上打上"×"，表示将这一标志消去。"PDM"表示"战前的慕尼黑地区警察"，也就是说，这个标志是战前生产时打上的；"ByP"表示"拜恩州警察"，是1965年开始打上的标志。拜恩州警察二战前装备的PPK，二战后送回瓦尔特公司修理，有的更换了套筒。

德国7.65毫米PPK沃尔特手枪

P5型9毫米沃尔特手枪

武器档案

口　　径：9毫米
自动方式：后座式驻退销定
闭锁方式：卡链摆动式
弹匣容量：8发
枪　　重：795克
枪　　长：180毫米
瞄准装置：准星-缺口式，带底光标记

P5型沃尔特手枪是第三代枪型，该枪的最大优点是保险装置十分先进可靠，关于制造一种安全型手枪的要求最初是由联邦德国警方提出的，警方要求新型手枪的保险装置要绝对可靠，按照这一要求沃尔特公司设计出了P5型9毫米手枪，该枪在安全性上的主要优点是：除了扣动扳机，其他任何动作都不会击发膛内的子弹。从外观上，P5型沃尔特手枪的扳机的左后侧有一个较大的卡销。

德国9毫米P5沃尔特手枪

容纳最先进技术的鲁格P85自动手枪

武器档案

口　　径：9毫米
自动方式：枪管短后坐
闭锁方式：铰链式
弹匣容量：15发
枪　　重：907克
枪　　长：200毫米
瞄准装置：准星-缺口式
瞄准基线：155毫米

P85手枪是鲁格公司于1987年制造出来的，是本公司第一支军用自动手枪。虽然它是鲁格的第一支自动手枪，但却容纳了当今制造手枪的最先进的技术，所以它一出现在市场上，便立刻引起了人们的兴趣，销路看好。

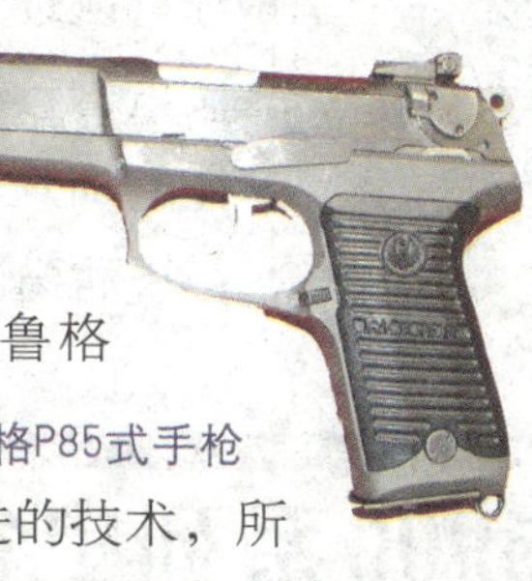

鲁格P85式手枪

美国史密斯&韦森系列自动手枪

武器档案

口　　径：9毫米
枪　　重：851克
枪　　长：194毫米
弹匣容量：14发

一提起史密斯&韦森手枪，人们就很容易想起一系列有名的左轮手枪。

其实，在20世纪20年代，史密斯&韦森公司就曾制造出一些袖珍型的自动手枪；50年代该公司还制造了

M3P系列发射9毫米Parabellum手枪弹的自动手枪；20世纪70年代末，史密斯&韦森自动手枪开始在这一领域崭露头角，它以自己的第二代自动手枪M459式手枪参加了美陆军制式手枪的选型竞争；80年代中期以后，史密斯&韦森公司另辟蹊径，把眼光瞄向了美国的执法机构这个大市场，接连开发出供美国警察和特工人员使用的一批新型手枪，经过短短十几年的努力，史密斯&韦森手枪的优势逐渐显示出来。

史密斯&韦森M459手枪

1989年6月美联邦调查局对10毫米手枪进行招标，在21家公司提出的手枪竞争中，史密斯&韦森1076手枪一枝独秀，击败了夺标呼声很高的格洛克手枪。

1991年1月美联邦调查局又引进了由史密斯&韦森和温彻斯特公司共同研制的10毫米短手枪弹。

美国陆军M645 0.45口径手枪

武器档案

口　　径：0.45英寸
自动方式：枪管短后坐
闭锁方式：枪管摆动式
枪　　重：1063克
枪　　长：219毫米
弹匣容量：8发

M645史密斯&韦森手枪是对M6599毫米史密斯&韦森手枪进行改进之后制造出来的，该枪曾参加了美陆军0.45口径的柯尔特手枪弹。采用双动扳机结构，设有3道保险装置。

M645手枪

M5900系列史密斯&韦森手枪

武器档案

口　　径：9毫米
自动方式：枪管短后坐
闭锁方式：枪管摆动式
弹匣容量：14发
枪　　重：737克
（M5904）
978克
（M5906）

美国M5900手枪

M5900系列手枪属于史密斯&韦森第三代手枪。史密斯&韦森第三代手枪是在广泛听取了美国执法人员的意见之后研制的。其主要特点有：固定式枪管、改进的扳机动作、在扳机护圈前端和握把后端有锯齿状条纹；瞄准具上增加了便于在各种光线条件下进行快速瞄准的标点，便于装填的弹匣仓；3道保险装置和一些外部形状的改进。

M5900系列手枪有两种型号，均使用9毫米手枪弹，其主要区别是制造手枪零部件的材料有所不同，M5904手枪使用的是铝合金套筒座，碳钢套筒和不锈钢枪管。M5906手枪的全部零件都是用不锈钢制成的。

“大显神威”的史密斯&韦森手枪

美国M6900手枪

M6900系列手枪与M5900系列手枪的主要区别是长度缩短，重量减轻和弹匣容量稍小一些。

武器档案

口　　径：0.45英寸
枪　　重：1020克
枪　　长：215.9毫米
弹匣容量：8发

幸运的史密斯&韦森1076手枪

武器档案

口　　径：10毫米
初　　速：297米/秒
自动方式：枪管短后坐式
供弹方式：弹匣
容 弹 量：9发、11发、15发
全 枪 长：197毫米
枪 管 长：108毫米
全枪质量：1.125千克
瞄准装置：准星-柱形
照门-缺口式
配用弹种：10毫米减威力枪弹

1986年4月迈阿密事件促使美国联邦调查局决心采用10毫米口径的枪弹。随即举行弹药选型，选择一种威力稍大、综合性能优良的手枪弹，用来替换现使用的各种0.38英寸和0.357英寸手枪弹。选型结果，初速297米/秒（由史密斯&韦森1076手枪发射）的减威力10毫米口径枪弹有幸被选中。在有21家公司提供的手枪竞争中，史密斯&韦森1076手枪一举中标，并与联邦调查局签订了生产9600支1076式手枪的280万美元的合同。新手枪配发后，除私人手枪外，联邦调查局所有0.38英寸和0.357英寸左轮手枪被撤装。

1076式手枪

以色列乌齐9毫米手枪

乌齐9毫米手枪

以色列人将乌齐冲锋枪的外形加以缩小之后制成了这种手枪，该枪取消了乌齐冲锋枪的自动装置，因此只能单发射击，不能连发射击。虽然乌齐手枪的外形与通常概念的手枪大相径庭，可是这种枪的结构却能很好的吸收射击时产生的后坐力，便于两手握枪操作，因而能在快速射击时确保良好的精度。目前这种枪在保镖中使用的较多，但军方也已开始对它产生兴趣。

武器档案

口　　径：9毫米
自动方式：枪机后坐式
枪　　重：1650克
枪　　长：240毫米
弹匣容量：20发
有效射距离：60米

无敌袖珍炮“沙漠之鹰”手枪

小乐园

枪管短后坐：射击后枪管和枪机共同后坐一段距离，然后开锁，枪机靠惯性继续后坐完成退壳，拱弹，闭锁，击发等动作称为枪管短后坐。

“沙漠之鹰”手枪可发射0.357英寸或0.44英寸口径的玛格努姆手枪弹，因其威力相当大，该枪获得了“袖珍炮”的雅号。

武器档案

口　　径：0.357英寸
　　　　　或0.44英寸
自动方式：枪机后坐式
闭锁方式：卡铁旋转式
弹匣容量：9发
枪　　重：1760克（钢制）
　　　　　1466克（铝制）
枪　　长：260毫米
瞄准装置：准星—缺口式
瞄准基线：225毫米

1984年由Mickey Rourke主演的一部动作片《龙年》中，沙漠之鹰第一次在电影中亮相，从此以后，它几乎成了电影中的主角。

以色列吉列乔941手枪

以色列吉列乔941手枪

这是以色列军事工业公司在1990年推出的一种新的手枪。从设计上看，该枪似乎就是为保安部队研制的。可使用9毫米手枪弹和0.41A.E手枪弹，该枪采用了新颖的套筒结构，使套筒后座的导轨被包裹在手枪框架内侧。这样，当需要将手枪架在工事或依托物上射击时，就不会因套筒卡在工事上面而发生射击故障。在快速射击中能保持良好的精度是吉列乔手枪的一个特色，这主要是该枪的枪管在制作工艺上比较先进。

武器档案

口　　径：9毫米或0.41英寸
自动方式：枪管短后坐
枪　　长：204毫米
瞄准基线：150毫米
枪　　重：906克
弹匣容量：15发(9毫米)
　　　　　10发(0.41A.E)

“忠实”的托卡列夫手枪

“忠实”的托卡列夫手枪

7.62毫米TT手枪是苏军装备的第一种自动装填手枪，由苏联著名枪械设计师托卡列夫于1930年设计完成，在图拉兵工厂生产，所以取设计者和制造厂的名称首位字母命名该枪，即TT手枪。该枪长195毫米，重854克，容弹8发，战斗射速30发/分，有效射程50米。该枪由于威力大，精度高，停止作用好，简单可靠，被苏军官兵称为忠实的伙伴。在苏联卫国战争中，托卡列夫手枪立过不少“战功”。不过目前已被淘汰。

武器档案

口　　径：7.62毫米
弹头初速：420米/秒
有效射程：50米
最大射速：30发/分
弹匣容量：8发
全 枪 长：195毫米
全 枪 重：850克(含空弹匣)
　　　　　940克(装满子弹)
枪 管 长：116毫米
瞄准基线长：156毫米

名气最旺的手枪

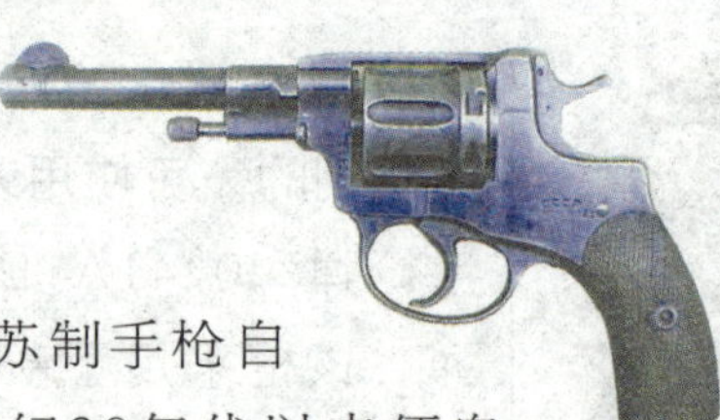

TT33托卡列夫手枪

武器档案

口　　径：7.6毫米
弹头初速：420米/秒
有效射程：50米
最大射速：30发/分
弹匣容量：8发
全 枪 长：195毫米
全 枪 重：850克(含空弹匣)
　　　　　950克(装满子弹)
枪 管 长：116毫米
瞄准基线长：156毫米

苏制手枪自20世纪30年代以来便自成体系。苏军装备的手枪口径在各个历史时期都不相同，其中最有名气的是TT33托卡列夫7.62毫米手枪、IM马卡洛夫9毫米手枪和ICM5.45毫米手枪。

小乐园

瞄准基线：从前瞄准具（准星）到后瞄准具（照门）间的距离，长度越长，瞄准时视觉误差的影响越小。现代射击竞赛中常加装准星延伸管，以增加瞄准基线长度。

“闻名遐迩”的马卡洛夫手枪

武器档案

使用枪弹：9x18
马卡洛夫手枪枪弹
自动方式：枪机自由后坐
供弹方式：8发弹匣
枪　　长：163毫米
枪　　重：730克
初　　速：315米/秒
有效射程：50米

这种手枪出自苏联另一位著名的枪械设计师马卡洛夫之手。在苏军中装备时间最久。该枪口径为9毫米，有效射程为50米，容弹量8发。在结构上，该枪采用自由枪机式，自动装填，双动击发。枪长160毫米，空枪重663克。

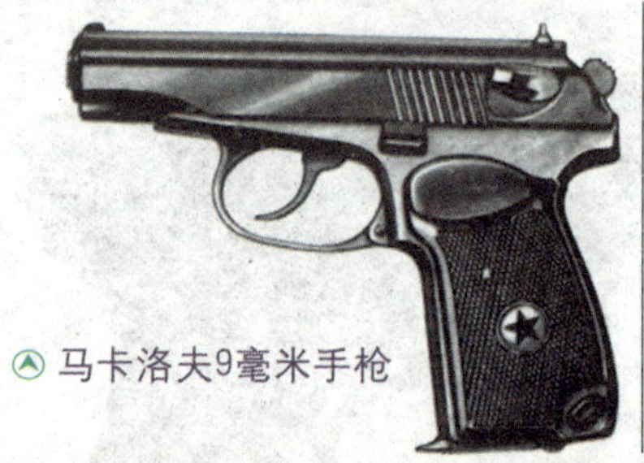

马卡洛夫9毫米手枪

意大利贝雷塔系列手枪

意大利是世界上第一支手枪的家乡。意大利人在制造手枪方面拥有丰富的经验和最先进的制造技术，在当代意大利手枪制造商中，最能代表意大利手枪制造业水平的是贝雷塔公司，该公司靠自己的贝雷塔手枪扬名世界。现代贝雷塔手枪的型号有20多种，但差不多都是贝雷塔公司在1976年生产的

M81、M84和M92三种手枪的派生枪。这些枪构成了两大系列：M81和M84手枪及其派生枪可以算作一个系列；M92手枪及其派生枪独自形成一个系列。前一个系列的手枪多在世界各地（主要是欧洲）的执法机构中流行；而M92系列的手枪主要是供本国和外国的军队使用，其中外国的最大用户是美军。

M92F贝雷塔手枪

“令人瞩目”的M92F贝雷塔手枪

M92系列手枪发射的是9毫米手枪弹，它采用的是枪管短后坐自动方式，M92F手枪最令人瞩目，它也是贝雷塔公司最为得意的“作品”。贝雷塔就是用这种手枪在美陆军M9手枪选型中击败所有对手一举夺魁。

1986年的“英雄本色”里，英气勃勃的小马哥手持两支非常抢眼的贝雷塔M92F，开创了枪战片的一个新境界。

“英雄本色”中周润发用的M92F手枪

武器档案

口　　径：9毫米
自动方式：枪管短后坐
弹匣容量：15发
枪　　重：950克
枪　　长：217毫米
瞄准装置：准星-缺口式
瞄准基线：155毫米

贝雷塔M951R全自动手枪

该枪是从贝雷塔M19519毫米手枪演变而来的，M951R手枪的特点是能进行单、连发射击。为了进行稳定的射击，该枪还配

9毫米M951R贝雷塔全自动手枪

了一个可装在枪口下方的木制握把。目前这种枪只有意大利的特种部队在使用。

武器档案

口　　径：9毫米
自动方式：枪管短后坐，单、连发射击
闭锁方式：铰链式
弹匣容量：10发
枪　　重：1350克
枪　　长：170毫米
射　　速：750发/分

HKVP70M式9毫米手枪

德国HK VP70手枪

VP70手枪是一种自动手枪，VP70手枪有军用枪型VP70M和民用枪型VP70Z两种，前一种配有肩托，后一种则不配肩托，VP70M的设计很奇特，不装肩托时，只能进行单发射击，如果装上配备的特制肩托就可利用装在其上面的扳柄进行单发或3发点射。装上肩托的手枪还可以系背带，像冲锋枪一样挂在身上。装肩托的方法是将肩托上的射击选择扳柄置于“1”的位置，把肩托底部的卡销压进去，然后将肩托前端从下方卡入手枪后面的卡槽内，到位后卡销弹起，肩托就装好了。

武器档案

口　　径：9毫米
自动方式：枪机后坐式、单发、3发点射
弹匣容量：18发
枪　　重：823克
枪　　长：204毫米（带肩托545毫米）
有效发射距离：150米
射　　速：100发/分

P9SHK手枪

这种手枪是HK公司生产的现代双动手枪，发射9毫米手枪弹或0.45口径柯尔特手枪弹，该枪在套筒的左侧装有手动保险扳柄，当扳柄位于下方，露出一个白点，手枪便处于保险板状态，当扳柄被置于水平位置，露出一个红点，便可射击。弹匣卡销的位置在握把的底端，退弹匣时只需将卡销向后推即可拨出弹匣，装入弹匣后需用手将套筒向后拉到底，然后放回，待套筒回到原来位置，第一发子弹就被推进弹膛。

从外形上看，P9S手枪与其他手枪最明显的不同之处是击锤整个被罩在套筒内，这样可避免在快速抽枪时击锤被衣服挂住，这也是HK系列手枪区别于其他种类手枪的一个主要特点，目前P9S手枪是德国警察的制式手枪，世界上其他国家也有使用这种手枪的。

武器档案

口　　径：9毫米或0.45英寸
自动方式：延迟枪机后坐
弹匣容量：9发（9毫米）7发（0.45英寸）
枪　　重：880克（9毫米）750克（0.45英寸）
枪　　长：192毫米
瞄准装置：准星-缺口式
瞄准基线：147毫米

P9S式9毫米手枪

无击锤9毫米P7HK手枪

P7手枪是专门为警察设计的一种无击锤手枪，采用枪机后坐自动方式和类似步枪的击发机构，供P7发射的子弹弹头被做成一种与众不同的形状，使推弹上膛的故障率大为降低。P7手枪的另一项新颖设计是握把的前端增加了一个待发握键，万一在射击时出现“瞎火”，射手先松一下握枪的手，然后稍微用力握一下这个键，哑弹便被弹出枪膛，下一发子弹自动装入膛内，这样就省去了用双手拉套筒退弹的动作，并缩短了排除故障的时间。由于采用了这些新的设计，P7手枪的推弹上膛动作也变得简单了，只需向后拉套筒约10毫米即可。

无击锤9毫米P7 HK手枪

P7手枪目前已开发出3种派生枪，其中P7M8和P7M13的基本构造完全一样，所不同的是弹匣容量和外形尺寸。

P7K3手枪虽然与上述两种P7手枪的设计基本相同，但取消了延迟装置，可以发射9毫米短手枪弹、0.22口径手枪弹和7.65手枪弹。

武器档案

口　　径：9毫米
自动方式：延迟枪机后坐
弹匣容量：8发（P7M8）
　　　　　13发（P7M13）
枪　　重：
950克（P7M8）
1135克（P7M13）
175毫米（P7M13）
瞄准装置：准星-缺口式
瞄准基线：148毫米

小乐园

瞎火弹：瞎火弹就是在射击时不能打出去的子弹。

FN勃朗宁9毫米大威力手枪

FN勃朗宁大威力手枪的原型是一个叫约翰·勃朗宁的美国人在1925年设计出来的，1927年取得美国专利，该枪正式生产出来是在1935年，所以美国人也称它为“1935式”手枪。第一批生产的勃朗宁手枪分普通型和替换型。这种手枪一直是由FN公司生产，比利时人则喜欢把它称为“格兰德”手枪。在第二次世界大战中，这种枪在德国、比利时、英国、澳大利亚、加拿大以及中国得到广泛使用。二次世界大战后，大多数西方国家都在使用这种枪。勃朗宁大威力手枪的主要特点是动作可靠、故障率低、枪管较长、初速大、带弹多，是一种有效的近战武器。

9毫米大威力FN勃朗宁手枪

武器档案

口　　径：9毫米
自动方式：半自动后坐
供弹方式：弹匣供弹（13发）
枪　　重：882克
枪　　长：200毫米

美国柯尔特执法者型左轮手枪

我们在电影《史密斯夫妇》中可以看到布拉德·彼特手里拿了一支美国柯尔特执法者型短管左轮手枪，还有在影片《神探亨特》中的警察用的也是这种枪。

武器档案

口　径：9毫米
枪　长：182毫米
枪　重：735克
弹　容：6发

作为一只9毫米口径，装弹量6发的手枪，它自1969年开始生产后，就几乎一直是美国警方的标准装备。虽然随着近些年美国城市暴力犯罪的加剧，美国警方开始配备更大威力的自动手枪，但由于左轮手枪的可靠性更好体积更小，大部分警察仍然以它作为备用手枪。

"神探亨特"中的柯尔特执法左轮手枪

美国柯尔特M1917左轮型手枪

该枪1917年生产，是M1909的改进型，采用半月形弹夹，无底缘手枪弹，枪架与弹巢间间隙较大。第一次世界大战后期，美军曾大量装备。

后因此枪有效射程难以达到美军要求，而改为美国警察专用枪械。

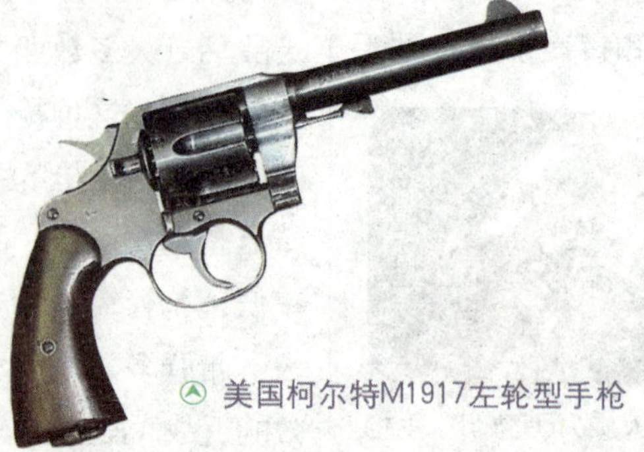

美国柯尔特M1917左轮型手枪

武器档案

口　径：11.43毫米
枪　重：1140克
弹　容：6发

浩博的步枪世界

步枪是步兵最基本的战斗武器，它具有射程远、精度高和火力猛等特点。同时也相对地较为轻便，因此既能作为进攻武器，又能进行自卫防御。步枪的种类很多，但主要分为突击步枪和阻击步枪两种。突击步枪枪管短、射速高、火力和威力不亚于冲锋枪和手枪，多支突击步枪还能在一定距离上组成相当强大的压制火力。阻击步枪枪管长、精度高，主要用于消灭敌方单个目标。

步枪口径的划分

步枪家族中还有运动步枪和气枪，它们基本上是民用枪。步枪还根据口径的不同，划分为小口径步枪、中口径步枪和大口径步枪。

小口径步枪主要指使用5.56毫米（北约）或5.45毫米（苏制）枪弹的步枪武器，其特点是射击精度高、杀伤力强和士兵携带量大。

大口径步枪主要是指12.7毫米以上口径的步枪。它射程远，穿透力强。

中口径步枪主要是指7.62毫米和9毫米口径的步枪。它介于前两者之间，用途较广，且结构简单，可靠耐用，是目前装配数量最多的步枪。

生产步枪的国家主要有美国、英国、法国、德国、意大利、奥地利、以色列、苏联、东欧和中国，这些国家制造了许多闻名于世的先进步枪。

联邦德国7.62毫米H&KG8步枪

7.62毫米G8步枪

该枪是AK11E的改进型，专为反恐怖和保安部队研制的。单连发均可，并有点射控制装置。供弹有3种方式：普通弹匣、50发圆盘匣和弹链。G8A1型只能使用弹匣供弹。枪管较短，能够迅速更换。

该枪使用机械瞄准具，也可以安装光学瞄准具和夜瞄准装置，装备原西德边防警察部队。

武器档案

- 使用枪弹：7.62×51毫米北约标准子弹
- 自动方式：延迟后坐式，单连发可调、点射控制
- 枪　　重：8.15千克（未装子弹，带枪架）
- 长　　度：1030毫米
- 射　　速：（最大）800发/分

联邦德国7.62毫米G3H&K步枪

G3式7.62毫米自动步枪

武器档案

使用枪弹：7.62毫米×51
自动方式：延迟后坐式，单连发可调
装　　弹：20发弹匣
重量（不装弹）：4.4千克（固定枪托），4.7千克（伸缩枪托）
长　　度：1025毫米（固定枪托）840毫米（可伸缩枪托）
瞄 准 具：准星–V型战斗表尺（100米）觇孔表尺（200、300、400米）
射　　速：500发/分～600发/分（最大）
有效射程：400米

该枪于1959年定型，既可以单发也可以连发，若配上附件便具备多种用途，如换上特殊的枪机能发射塑料子弹；装上消音器能产生无声枪的效果，减少对射手和周围人员的干扰。另外该枪还可以发射枪榴弹。

该枪的标准型号是G3A3，枪托和握把均是塑料的。若装上望远瞄准具就称为G3A3ZF；若用可伸缩的枪托代替塑料枪托就称为G3A4。

联邦德国G3SG/1型HK狙击步枪

德国G3 SG1式7

武器档案

使用枪弹：7.62×51毫米
自动方式：延迟后坐式，半自动
装　　弹：5发或20发弹匣
重　　量（未装弹）：6.4千克
长　　度：1165毫米

该枪为德国警察使用，与G3A3型步枪稍稍不同，主要是有一个特殊的扳机装置，使扳机的扣力减少2.5千克。望远瞄准具的放大力为1.5至6，并能够调整风力偏差和距离，范围从100米至600米。瞄准镜的十字线按密位划分，射手只要知道目标的大小尺寸就能够得知准确距离，比如，一辆轿车的长度约5米，对应25密位，按5/25×1000–200计算即为射手至轿车的距离。

联邦德国7.62毫米高精度狙击步枪

联邦德国7.62毫米HKPSG1高精度狙击步枪

武器档案

使用枪弹：7.62毫米×51
自动方式：延迟后坐式，单发射击
装　　弹：5发或20发弹匣
重　　量：8．1千克（未装弹）
长　　度：1208毫米
瞄 准 具：6×42光学瞄准镜
调整分为6档（100米～600米）

该枪专为警察和特种兵所研制，是只能打单发的半自动武器（可选择5发或20发弹匣），据称精度极高，在300米距离上打5组子弹，每组10发，平均散布直径小于等于8厘米。枪上装有一具6×42望远瞄准具，有亮光十字线显示。移动镜头即可修正风力偏差和射角。扳机的扣力约为1.5千克，枪托的长短和角度可以根据射手的要求进行调整。枪身前部还有一个支架，用于瞄准时稳定枪身。

联邦德国5.65毫米G41HK步枪

德国HK G41式5.56毫米自动步枪

武器档案

使用枪弹：5.56毫米×45
自动方式：延迟后坐式、单连发可调并带有点射装置
装　　弹：30发弹匣
重量（未装弹）：4.1千克(固定枪托)，4.35千克(折叠枪托)长度(固定枪托)：997毫米（折叠枪托，长枪管)：996和806毫米(折叠枪托，短枪管)：930毫米和740毫米
射　　速：约850发／分

该枪是在7.62毫米G3步枪的基础上研制的，专门用于发射北约一种新的标准子弹（5.56毫米×45）。该枪的主要特点是射击声响低、弹匣空时枪扣自动卡住、输弹口装有防尘罩、装有点射控制装置、可以上G3利刀，使用寿命超过2万发子弹。

美国5.56毫米M16步枪

武器档案

使用枪弹：5.56毫米×45
自动方式：导气管式，单式连发可调
闭锁方式：回转枪机
供　　弹：20发和30发弹匣
重　　量：（M16）3.1千克
（MA161）3.18千克
扳机扣力：2.3千克～3.8千克
长　　度：900毫米（带消焰器）
1120毫米（带刺刀）
射　　速：700发/分～950发/分（最大）
有效射程：400米

M16是美国空军的制式步枪，陆军和海军陆战队制式步枪为M16A1。由于该枪的塑料枪托和护木呈深绿色，远远看上去像黑色，因此被人叫做“黑色步枪”。

M16是世界上第一支高初速军用小口径步枪，对于促进世界步枪的小口径化起了决定性作用。该枪还是世界上第一支装有榴弹发射器的步枪。

美国5.56毫米AAI先进战斗步枪

武器档案

使用弹药：5.56毫米AAI无壳子弹
自动方式：气动式，单连发可调，点射
供　　弹：36发弹匣或50发圆盘弹匣
长　　度：805毫米（形枪托）
1066毫米（标准枪托）
重　　量（带瞄准具和36发弹匣）：
3.35千克（异形枪托）
3.38千克（标准枪托）
射　　速：连发600发/分（最大）

该枪开创美国新一代军用步枪的先河，其主要特点是使用无壳子弹，省去了退弹壳的操作，可采用较小的口径，射手再不会遭受被弹壳烫伤之苦。

该枪为气动式，根据不同的射击方式可以开膛操作，也可以闭膛操作。单发射时呈闭膛，连发或点射则为开膛。点射时最大射速达到2000发/分左右。

小乐园

消声器：是通过降低火药燃气冲出枪口的速度和流量来降低最大峰值来消音。

该枪装有先进的光学瞄准镜，可根据两种不同的弹药立即确定瞄准点。无壳子弹有5.56毫米常规子弹装在圆柱形压缩装药内。子弹装在密封的30发两列装弹匣或50发圆盘弹匣里面。在枪管的下方还可以安装标准的M203、40毫米枪榴弹发射器。

美国AAI 5.56毫米 先进战斗步枪

瑞士540系列SIG突击步枪

瑞士SG540系列突击步枪

该类步枪均为气动式，带有回转枪机。前导气管有气体调节器，调节器开关有3档，扳到“0”，气体进入不了导气管，只能从枪管通过，用于发射榴弹。拨到“1”或“2”时，能够在枪支受到风沙和雨雪污染的情况下保证正常射击。

SIG突击步枪的射击方式

该枪有3种射击方式：单发、连发和三发点射。单发射击时，使用两道火扳机装置能够提高射击精度；扳机的护圈可以旋转，以便带上防寒手套仍能扣动扳机。前瞄准具是一小圆柱，可以上下旋转调节，后瞄准具是包在鼓形表尺里的照门，能针对100米到500米的目标进行调整。另外还可以安装望远瞄准镜，红外瞄准镜和图像增强器。

武器档案

使用枪弹：5.56毫米×45子弹
自动方式：回转枪机
供　　弹：30发和42发可拆卸半透明弹匣
射　　速：650发/分
长　　度：790毫米
重　　量：3.6千克（未装弹）

奥地利5.56毫米SteyAUG步枪

这种现代突击步枪由Stey与奥地利陆军共同研制的，并于1978年生产出第一支样枪，之后便得到广泛应用。AUG的意思就是“陆军通用步枪”，有多种型号。使用350毫米枪管便可成为伞兵枪或冲锋枪；使用407毫米枪管便可成为卡宾枪；使用508毫米枪管就是一支标准的突击步枪；若使用621毫米枪管能制成重型自动步枪，作用相当于一挺轻机枪。除重型自动步枪用新型42发弹匣外，其余型号均采用30发弹匣，并装有支架。

AUG步枪的结构

武器档案

使用枪弹：SG540/543型使用5.56毫米×45子弹
SG542型使用7.62毫米×51子弹
自动方式：气动式，单连发可调
闭锁方式：回转枪机
弹匣重量：SG540型/3.26千克/3.31千克
SG542型/3.55千克/3.55千克
SG543型2.95千克/3千克
长　　度（固定枪托/折叠枪托）：
SG540型950毫米/7200毫米
SG542型1000毫米/754毫米
SG543型805毫米/569毫米
射　　速：650发/分～800发/分（最大）
有效射程：600米

AUG步枪外表新颖，采用异型枪托，又粗又短，向上突起，最显眼的是它那细长的枪管和与提把联为一体的光学瞄准具。基本想法是追求一种轻型带有手枪风格的效果，便于在车内使用；部件对各种型号的枪都通用，并尽量减少重量，从而成为很受欢迎的武器。

该枪分为6大部分：枪管、机匣、击锤、枪机弹匣和枪托。光学瞄准具取景框内的分划是一个黑色的环，在300米距离内只需将人体大小的目标套在环的中间即可，瞄准十分方便迅速。在环的中央有一个小点，用于实施更精确的射击。

奥地利5.56毫米Stey AUG步枪

美国5.56毫米柯尔特M16A2突击步枪

这是美国M16系列的步枪，重量轻，能打单边发和点射。在北约，将5.56毫米子弹作为标准子弹时，该枪在评审对比武器中占了上风。目前已装备美军部队，并销往世界55个国家。

该枪的枪管、枪机、后缓冲装置和枪托在一条线上，使后力分散到射手的肩部，枪口的跳动降至最低程度。非常适合当今步兵火力密度要大、精确度要高的需求。该枪安装M203榴弹发射器非常方便，能够发射美军或北约标准的步枪枪榴弹。

美国5.56毫米柯尔特M16A2突击步枪

M16A2使用机械瞄准具，能够校正风力偏差和调整射角，今后要安装光学瞄准具，名称将改为M16A3。

武器档案

使用枪弹：5.56×45毫米北约标准子弹
自动方式：气动式，单连发可调
闭锁方式：回转枪机
供　弹：20发或30发盒式弹匣
重　量：3. 4千克（无弹匣）
长　度：1000毫米
射　速：700发/分～900发/分（最大）

美国拉法兰西M14K突击步枪

武器档案

使用枪弹：5.56×45毫米
自动方式：气动式，单连发可调
闭锁方式：回转枪机
供　　弹：20发弹匣
重　　量：3.75千克（未装弹）
长　　度：902毫米
射　　速：600发/分～650发/分

该枪是美军现装备7.62毫米步枪的改进型，缩短了枪身，缩小了口径，便于操作。虽然枪管变短造成枪速降低，但减少了枪口的跳动，其后坐与其他5.56毫米的步枪差不多。该枪目前交美国海军陆战队的特种作战部队鉴定。

美国拉法兰西M14K突击步枪

比利时7.62毫米FN FAL步枪

武器档案

使用枪弹：7.62毫米×51北约标准子弹
自动方式：气动式，单连发可调或半自动
供　　弹：20发弹匣
重量（无弹匣）：4.325千克
瞄 准 具：圆柱形准星（前）照门、游动表尺（后）
初　　速：840米/秒
射　　速：650发/分～700发/分（最大）

FAL由比利时枪械设计师塞弗设计的，世界上90多个国家使用这种步枪，而且好几个国家取得了制造权，并根据本国的需要作了某些改进，结果造成同一型号的步枪其部件不能互换。有的国家换上重型枪管，将该枪

比利时7.62毫米FN　FAL步枪

当作轻机枪装备部队。

FN FAL步枪的射击方式

该枪的射击方式选择器位于机匣左侧握把的上方，用右手拇指控制，向上是保险，中间是单发，再向下是连发。英国、加拿大、印度和荷兰造的没有连发。枪栓在机匣的左侧，有些型号的枪栓柄必须取合适的角度才能拉动。若发射枪榴弹必须先旋紧导气塞，确保全部气压作用于枪榴弹。每发射一发枪榴弹后都必须拉一下枪机，以便向枪膛内上子弹。有些FN　FAL步枪将消焰器、榴弹发射器合二而一装在枪口上。

FN FAL的基本型号

FNFAL步枪有4种基本型号，FN50-00是标准型号，使用固定枪托和标准枪管；FN50-63使用折叠枪托和短枪管；FN50-64折叠枪托和标准枪管；FN50-41使用固定枪托、支架和重型枪管。

比利时5.56毫米FN FNC步枪

比利时5.56毫米FN　FNC步枪

武器档案

使用枪弹：5毫米×45（M193或SS109型子弹）
自动方式：气动式，单连发和点射可调
闭锁装置：回转枪机
供　　弹：30发盒式弹匣
重量（末装弹）：3.8千克
长　　度：标准枪管打开枪托997毫米
折回枪托766毫米
短枪管分别是911毫米和680毫米
射　　速：625发／分～750发／分（最大）

FNC是一种轻型突击步枪，专门装备得不到稳定的后勤保障或在热带丛林、山区以及其他复杂地形上作战的步兵部队。它有两种型号：一种是使用标准长度的枪管，外包一层塑料的管形合金枪托；另一种使用短枪管，其余差不多。两种型号安装固定的塑料枪托和刺刀。整体设计基本上取FN步枪的结构，卸下前轴销即可打开枪身取出主要部件。枪栓在右侧，枪栓槽有防尘盖。枪托可折向右侧，贴于枪栓的下面，使该枪可以当冲锋枪用，尤其在车内和飞机上十分方便。该枪能安装望远瞄准镜和发射枪榴弹。

这种枪的弹匣和美制16A1步枪以及一种小型轻机枪的弹匣通用，制造厂家打算改进该枪枪管，使其使用的子弹也能与M16A1通用。

美国7.62毫米北约M14步枪

该枪是美国陆军第一支采用北约标准子弹的步枪，1957年装备部队，用于替换MIGarand步枪，现为美国陆军以及台湾和韩国所使用。

美国7.62毫米北约M14步枪

该枪保险销在扳机护圈的前面，向后移到底即处于保险状态。瞄准具由准星和照门组成，可对200到1000米距离进行调节，并能修正射角和向偏差。该枪通常以半自动的方式进行射击，也可以打连发。

武器档案

口　径：7.62毫米×51 自动方式：气动式
闭锁方式：回转枪机 供弹：弹匣
重　量（装子弹）5 .1千克
长　度：1120毫米
射　速：700发/分-750发/分

神出鬼没的狙击步枪

所谓狙击步枪，就是装有光学瞄准镜、用于对重要单个目标进行精确射击的步枪。这种枪枪管较长较重，因而射击精度很高，在战场上主要用于消灭敌方指挥官、哨兵、机枪手和无线电操作人员等重要单个目标。近年来，由于恐怖活动的泛滥，狙击步枪派上了新的用场。不过这种反恐怖和防暴型的阻击与反阻击活动基本是近距离内（100米以内）进行的。根据所执行的任务不同，狙击枪又分为小口径（5.56毫米）、中口径（7.62毫米）和12.7毫米大口径狙击步枪。其中较为著名的有美国雷明顿公司的M24、沃尔特公司的WA2000、柯尔特公司AR-15德尔塔重枪管狙击步枪；以色列沙狄尤斯公司的M36、加利尔狙击步枪；前苏联的德拉古诺夫；法国的FR-F2；奥地利的斯太尔SSG；瑞士的SG-550和SSG-2000；意大利82型和RAI公司的专用大口径狙击步枪。

⊙ 狙击步枪

美国M24狙击步枪

M24是美国雷明顿公司制造的美军制式狙击步枪，使用7.62毫米M-118标准军用弹，采用半自动方式射击。该枪采用自由拆卸式枪管，伸缩式枪托为利奥波德·阿尔特拉M3可卸式10倍光学望远镜。雷明顿公司还将进一步改进M24，加装枪口消焰器、制退器和弹着显示器。目前，第一批枪已发放给肯尼迪特种战争中心，并很快将配装给特种作战部队、别动队队员和其他轻步兵部队。

⊙ 美国M24狙击步枪

武器档案

口　径：7.62毫米
初　速：792米/秒
自动方式：非自动
供弹方式：弹仓
容 弹 量：5发
全 枪 长：1092毫米～1161毫米
枪 管 长：610毫米
膛　线：5条，右旋，
缠距286毫米
全枪质量（不含枪弹）：5.27千克
瞄准装置：望远瞄准镜

美国柯尔特AR-15德尔塔狙击步枪

美国柯尔特AR-15德尔塔狙击步枪

这是一种重枪管狙击步枪，口径5.56。实际上，它是M16枪的半自动派生型。枪长990毫米，空枪重4.5千克，容弹量5发或20发。该枪结构上也采用了导气式工作原理和回转式枪机，并在枪托上装有便于瞄准射击的加高贴腮板。这种小口径狙击步枪射程一般不超过200米，主要用于警察部队或治安部队。

武器档案

口　　径：5.56毫米
全　　长：990毫米
重　　量：4.5千克
弹　　容：5或20发

法国FR-F2狙击步枪

法国FR-F2狙击步枪

该枪派生于MAS36，口径为7.62毫米，可卸式弹匣容弹10发，弹匣底有一个保护性橡胶皮。其枪管包在一个合成材料制成的防热衬套内，并装有消焰器和两脚架。该枪备有可调式枪托，采用半自动方式射击（枪机直动）。

武器档案

初　速：852米/秒
全枪长：1138毫米
枪管长：552毫米
全枪重（空）：5.2千克
有效射程：800米
配用弹种：7.62毫米×51NATO弹

奥地利斯太尔的SSG狙击步枪

该枪派生自单发卡宾枪。口径7.62毫米，直动枪机，单、双动扳机可调，全枪长1130毫米，空枪重3.5千克，弹匣容弹5发。该枪可配用哈尔斯6倍光学瞄准镜或费托尼克4倍夜间瞄准镜。该枪枪管重，射击精度高。枪身为复合材料制成，枪托为可调式，并配有两脚架。

奥地利斯太尔的SSG狙击步枪

武器档案

口　　径：7.62毫米
枪　　长：1130毫米
枪　　重：3.5千克
弹　　容：5发
有效射程：800米

德国HK公司MSG3狙击步枪

MSG3狙击步枪

武器档案

全　　长：1100毫米
枪 管 长：450 毫米
枪　　宽：133 毫米
枪　　高：210 毫米
瞄准基线：685 毫米
空 枪 重：5.3千克
理论射速：800 RPM
发射方式：单发、3发点射、连发

这种狙击步枪是根据G3步枪研制出的。它比G3的枪管长140毫米，全长为1100毫米，空枪重量为5.3千克。自动方式为枪机后坐，并采用半刚性滚柱闭锁，该枪弹匣容弹量为20发，一般以单发方式射击。MSG3在结构设计上的独到之处在于枪托上装有可调的贴腮板，并设计了高低可调的扳机护圈。枪托也可在400毫米的范围内伸缩。此外，该枪还设计了瞄准镜座，使用加大物镜的6倍光学瞄准镜，因而射击精度更高。

以色列加利尔狙击步枪

这是由以色列军事工业公司制造的7.62毫米狙击步枪，它是加利尔突击步枪的改进型。结

以色列加利尔狙击步枪

武器档案

口　　径：7.62毫米
枪　　长：1115毫米
枪　　重：6.4千克
弹　　容：25发

构上采用气动式和回转枪机，枪口上还装有制退器，以便减少枪口上跳并迅速重新瞄准射击，加利尔狙击枪长1115毫米，重6.4千克，弹匣容弹25发。瞄准具为6倍尼姆洛德光学瞄准镜。该枪在中距离射击时精度较好（400米~600米）。

武 器 档 案

口　　径：7.62毫米
枪　　长：1225毫米
枪 管 长：620毫米
枪　　重：4.55千克
有效射程：800米

瑞士西格SSG2000狙击步枪

该枪基本上采用得到国际验证的索尔80／90连发步枪的直动式设计方案，枪机进弹和退弹不旋转，行程只有65度，速度快震动小。专门装备军队和警察，枪托可以按射手的需要进行调整，左右手均可使用。扳机有两道火，保险销有三重功能：锁定击发阻铁，阻铁转轴和枪机。另外还有子弹上膛的指示针。该枪设有机械瞄准具，能安装3种不同型号的标准望远瞄准镜。

瑞士西格SSG2000狙击步枪

武 器 档 案

自动：直动发式
供弹：4发盒式弹匣
重量：6.6千克（带弹匣和瞄准具）
长度：1210毫米

该枪可使用7.62毫米×51、5.56毫米×45和7.5毫米×55等多种型号的子弹。

瑞士SIG的SG-550狙击步枪

武 器 档 案

全　长：1130毫米/905毫米
枪管长：650毫米
全枪高：285毫米
膛　线：6条，右旋，缠距254毫米
空枪重：7.02千克
瞄准基线长：540毫米
发射方式：单发
弹　容：5、20、30发

该枪派生于瑞士工业公司的SG-550Atg90型突击步枪，口径虽然仍为5.56毫米，但射击方式却为半自动，其枪管已加长。该枪有一个折叠式枪托，标准瞄准具为2.5倍~10倍蔡斯—2望远瞄准镜或波尔顿PE4型夜间瞄准镜。

该枪目前已装备瑞士陆军和警察部队，还有一部分用于出口。

瑞士SIG的SG-550狙击步枪

苏联的德拉古诺夫狙击步枪

小乐园

消焰器：发射时减少膛口火光的装置。
制退器：是一种减小枪口后坐能量的枪口装置。

武器档案

口　　径：7．62毫米
枪　　长：1225毫米
枪 管 长：620毫米
枪　　重：4 .55千克
有效射程：800米

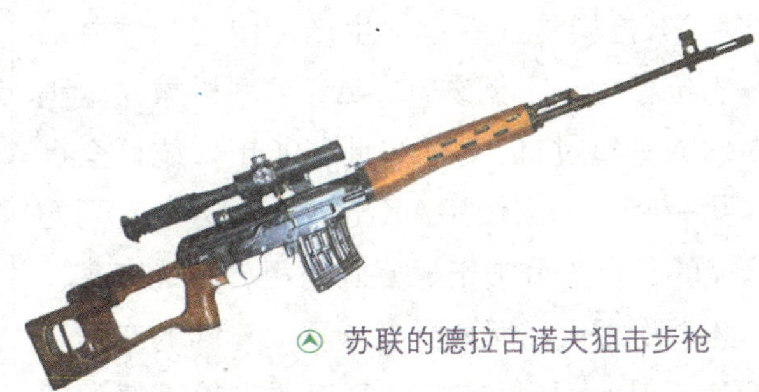

苏联的德拉古诺夫狙击步枪

该枪是前华沙条约组织各国普遍装备的狙击武器，它使用7.62毫米枪弹，自动装填，工作方式为气动式，短枪管后坐，回转枪机，并以弹匣供弹。枪长1225毫米，带瞄准镜时重4.3千克。瞄准镜是4倍的PSO－1光学瞄准镜。其有效射程为800米。

以色列加利尔突击步枪

该枪是以色列国防军中校乌交·加（乌齐冲锋枪的设计者）设计的，并由以色列轻武器部主任雅可夫·利尔审定，故名“加利尔”步枪。它的口径5.56毫米，气动式工作，并能选择射击方式，枪机为回转式。加利尔突击步枪最大的特点是子弹初速很高，在沙漠地带的恶劣自然条件下仍可保持良好的战斗性能。另外还有一种加利尔短突击步枪，使用起来既方便又可靠，是现代战斗步枪中较先进的一种。

武器档案

	加利尔突击步枪	短突击步枪
枪长	979毫米	840毫米（枪托可折叠）
枪重	3.95千克	3.75千克
弹匣容弹量	35或50发	35或50发
子弹初速	950米／秒	900米／秒
有效射程	500米	400米

以色列加利尔突击步枪

一代大师卡拉什尼柯夫和他的AK枪族

AK枪族是世界上被生产、使用和仿制最多的枪械之一，据统计，AK系列枪械在全世界的数量超过1亿支（20世纪90年代统计全世界共有55个国家使用AK枪械），这一系列的枪械的优点十分突出，坚固耐用、精确度高、弹药杀伤力大，而最受各国军人青睐的在于，AK系列枪支能适应各种复杂恶劣的天气和地理环境，不管在沙漠还是在高原，不管是在热带雨林还是在戈壁荒野，AK都能始终如一地发挥自己的优良性能。

AK枪族的创始人

卡拉什尼柯夫（1919～1997）是享誉全世界的枪械设计大师，与勃朗宁等出身枪械世家的设计大师不同，卡拉什尼柯夫出身平民家庭，也没有显赫的学术背景，他成为举世闻名的枪械设计大师，全凭后天不懈的艰苦努力。

一代枪王卡拉什尼柯夫

卡拉什尼柯夫参加过苏联卫国战争，他当时是一名坦克兵。在战争中负伤后他开始自己的枪械设计生涯，并于1947年成功设计出AK-47 7.62毫米大口径突击步枪，随后在1974年又设计出AK-74 5.45毫米小口径突击步枪。一直让西方枪械设计专家们耿耿于怀的是，在越南战场上，很多美军士兵宁愿丢掉自己手中的M-16步枪，他们更喜欢AK-74。两种知名枪械，哪个性能更出众，已经在战场上分出了胜负。

AK-47自动步枪

1991年8月，卡拉什尼柯夫曾经应邀访问我国。我国轻武器部门在最初自主设计开发条件均不成熟的情况下，曾经仿制AK-47生产出五六式突击步枪，这一枪械至今仍在我国军队现役内服役，它与AK家族的其他枪械一样，凭借其优异的表现而深受我军部队指战员的喜爱。

小乐园

弹匣：就是放子弹的“小屋”，大的弹匣可以装百发子弹，小的就只能装几发子弹。

风靡世界的AK家族

自20世纪50年代以来，卡拉什尼柯夫所设计的AK系列步枪，包括AK-47、AKM和AK-74自动步枪不但一直是苏军及华约国家军队的制式装备，而且还风靡了整个世界。有许多国家特别是第三世界国家大量购买和仿制该系列枪支。据保守估计，全世界约有2亿支AK系列枪支。

武器档案

口　　径：7.62毫米
工作原理：气动式，选择射击
闭锁方式：枪机回转式
弹匣容弹量：30发
枪　　长：869毫米（枪托打开）
枪　　重：4.3千克
有效射程：300米
战斗射速：600发/分

电影《战争之王》里面，军火商尤里最喜欢卖的就是AK-47，因为他的销路最好，受各国军阀、独裁者、甚至恐怖分子欢迎。他通过乌克兰的叔叔帮忙，把AK47数万支数万支地偷运出去，卖给非洲等国家，受益颇多！电影里面甚至还有一段对AK47赞美诗般的描写，镜头中的AK47完全是一款艺术品。

"战争之王"的AK47自动步枪

AKM突击步枪

1959年，苏联研制出了AK-47的改进型AKM突击步枪。其主要变化在于：机匣为冲压件，并且全部铆合。AKM的枪机闭锁于一个套筒内，而不是像AK-47那样直接闭锁枪管中，一系列改进措施使AKM重量更轻，造价更低。新的枪口补偿器可以控制枪口上跳和右偏，从而提高了射击精度，且射程更远。

此外，还有一种结构紧凑的折叠枪托型，即AKMS。AKM有很多派生枪型，主要在东欧国家和中国生产。AKM装备华约部队后很受欢迎。目前，AK-47已基本停止生产，而AKM仍在继续生产。

AKM突击步枪

武器档案

口　　径：7.62毫米
工作原理：气动式，选择射击
闭锁方式：枪机回转式
弹匣容弹量:30发
枪　　长：876毫米
枪　　重：3.15千克
有效射程：300米
战斗射速：600发/分

AK-74和AKS-74突击步枪

广义地说，AK-74是AKM的小口径型，然而由于AK-74采用了5.45口径的新式枪弹，因而使携弹量增加。AK-74的枪弹初速高，直射距离远，而后坐力仅为AKM的一半，所以射击精度较高。据试验，AK-74单发战斗性能比AKM高一倍半，连发提高了一倍半至两倍。而且该种武器可靠耐用，适合在各种恶劣条件下使用。这一点和易于掌握正是卡拉什尼柯夫设计枪械的主要指导思想。AK-74的另一个主要的改进是加装了枪口制退器。它能有效地控制枪口的跳动，并克服了火药气体有可能灼伤射手的缺陷。AK-74之所以设计成5.45口径，主要是为了与北约的小口径步枪的5.56毫米相区别，以保持实力均衡。俄军还装备有一种AKC-74Y短突击步枪。主要作为单兵自卫武器使用。

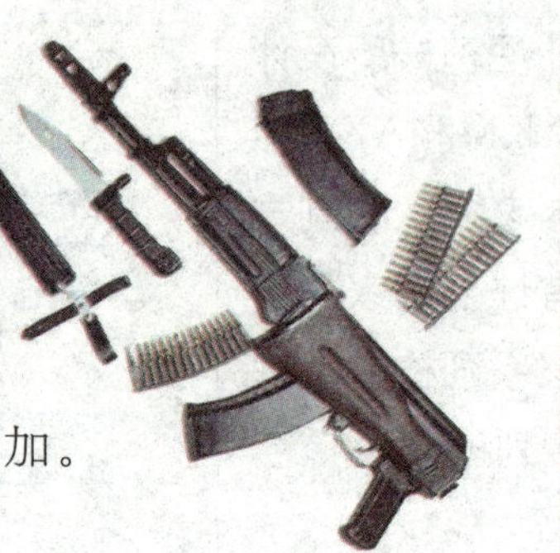

⊙ 5.45毫米口径的AK-74突击步枪

武器档案

口　　径：5.45毫米
工作原理：气动式，选择射击
闭锁方式：枪机回转式
弹匣容弹量：30发
枪　　长：AK-74，930毫米
AKS-74，690毫米
枪　　重：3.6千克（带空塑料弹匣）
战斗射速：650发／分

先进战斗步枪的六强之争

先进战斗步枪（ACR）是20世纪末和21世纪初将要装备部队的先进单兵战斗武器，它的开发属于美国轻武器总规划的重要内容。它的成功将引发世纪交替时的“步枪大会战”。对此，美国三军轻武器规划委员会采取多种方案公开竞争的方式进行研制和试验，于是便引起了各大军火商之间激烈的角逐。

德国无壳弹枪的诞生

首先登场的是德国HK公司，该公司推出了全新概念的无壳弹枪，名为“点射齐射步枪”。它使用4.92毫米口径的无壳埋头弹，该弹仅重4.86克，枪机为回转式，射击方式有单发、齐射和全自动三种，弹匣容量为59发。

美国步枪的创新

美国阿雷斯公司是美军著名的M16步枪设计者尤金·斯通纳所创办的公司，他们公布的方案是埋头弹步枪，口径5毫米。这种枪采用的弹药是塑料弹壳的埋头弹（弹头内缩），全弹重为9.46克；枪机为起落式，射击方式有单发和全自动两种，弹匣为容弹60发的弹鼓。该枪的主要特点是采用环形包络闭锁，后坐冲力小，精确度颇高。

历史悠久的美国柯尔特公司设计的方案是改进型的突击步枪，口径与他们所生产的5.56毫米M16A2一样，在结构上也有些类似，采用往复式枪机和单发全自动射击方式。只是在弹药上有所改进，采用了双弹头系统，弹重为12克，弹匣容量为30发。它的优点在于成本低，研制和装备周期短，同时也易于为部队所掌握。

AAI公司的独特设计

AAI公司设计的是一种独特的集束箭弹步枪，它口径为5.56毫米，弹头是2枚～3枚箭形弹，这种弹头穿透力极强，加之容弹量30发，因而齐射时火力极强。

实力雄厚的三箭齐射步枪

实力雄厚的麦克唐纳—道格拉斯的方案与AAI的方案有点儿相似，那是一种“三箭

齐射步枪”，口径9毫米，无膛线，枪机无闭锁。它所使用的弹头是3个箭形埋头弹头，由于使用塑料弹壳，所以全弹重只有11.34克。但该枪的容弹量只有10发，且射击方式是单发，所以其火力并没有想象的那么强。

最先进的步枪

斯太尔公司的ACR是一种“单箭点射步枪”，它使用一种5.56毫米塑料弹壳箭形弹，弹重只有4.67克。弹匣容量为30发，枪机是起落式，射式方式有单发和点射两种。

对以上方案进行评比时，不应仅考虑其演示效果和技术上的先进性，还应考虑到战术上的适用性和可靠性，特别是还需要顾及武器系统的效费比。因而最终方案可能是一种权衡与折中的结果。基于这些考虑，“改进型突击步枪”更有希望入选，也就是说，柯尔特公司赢得这一重要的军火合同的机会更大。

精良的冲锋枪家庭

冲锋枪是介于步枪和手枪之间的枪种，它的枪管比步枪短，比手枪长，弹匣容量大，火力猛，且比步枪更轻巧扎实。它既能实施单发射击，又能实施短点射和长点射，其有效射程一般不超过400米。在20世纪三四十年代，冲锋枪曾风云一时，在战场上起过相当重要的作用。据说二次大战中曾有一支德军部队被苏军团团围住，德国空军紧急向这支部队空投了一批新式冲锋枪。这部分德军居然凭借着新武器组成的强大突击火力冲出了重围。由此可见冲锋枪在战场上的威力。

现代冲锋枪基本上是在20世纪三四十年代枪型的基础上改进的。其共同的特点是采用全包型枪机，不但有短而紧凑的气室，而且枪的重心也移向枪口，以消除连续射击时的枪口攀升，提高了射击精度。多数枪型都为9毫米口径，并以盒式弹匣取代了鼓式弹匣，以下介绍的这些冲锋枪各具特色，展现了当代冲锋枪的风貌。

美国阿雷斯公司的FMG冲锋枪

它是由美国阿雷斯公司的设计师弗朗西斯·韦林于20世纪80年代末90年代初设计成功的，简称FMG。设计者弗朗西斯·韦林是一位地道的法国人，他一生中设计过多种武器。这是一种全折叠型冲锋枪，它能完全折叠成一个雪茄烟盒大小的盒状物，因而具有轻便灵巧、便于隐蔽携带的特点。这种武器由两个金属壳组成：一个容纳枪管，另一个容纳枪机组件。弹匣仓位于枪管下方，它折叠进枪管壳中。扳机和扩圈也可以折叠。无论折叠或打开，各部分组件都严密合缝，因而相当可靠。目前该枪仍在进一步改进中，据说其主要部件材料将改用复合材料制成，以减轻枪的重量。

武器档案

口　　径：9×19毫米
工作原理：枪机后坐、选择射击
弹匣容弹量：20或32发
折叠后长度：262毫米
打开后长度：503毫米
枪　　重：带20发的实弹匣2.38千克
射　　速：650发/分

美国阿雷斯公司的FMG

意大利贝雷塔12型9毫米冲锋枪

研制于20世纪50年代中期，1958年开始生产，1959年进行批量生产，主要为意大利陆军和海军所采用，并销往巴西、利比亚和沙特阿拉伯等国。

意大利12型9毫米贝雷塔冲锋枪

武器档案

使用枪弹：9毫米枪弹
自动方式：自由枪机，单连发可调
装弹：可拆卸的弹匣，内装20、32或40发子弹
未装弹时枪重：3千克（折叠铁枪托）
3.4千克（木枪托）
枪长：645毫米（打开枪托）
418毫米（折上枪托）
660毫米（木枪托）
射速：550发/分（最大）

该枪的机匣和弹仓槽连为一体，机匣上有纵向槽沟以保证在冰雪和尘沙条件下正常射击。机匣、前把手、弹仓槽、扳机圈和后把手为一整体结构，闭锁装置为环列式，在射击前封住枪管。

环列式枪机的设计将振动减至最低限度，从而在连发时十分稳定，枪口几乎不跳动。该枪有两套保险装置：一为握把保险，握住该保险钮即打开保险，松开时枪机即被锁，把的正上方，必须将其按到右侧才可使用，该枪通常使用铁制枪托，可以向右折叠。

意大利“幽灵”M-49毫米冲锋枪

意大利“幽灵”M-49毫米冲锋枪

小乐园

扳机护圈——一般位于机匣下方，半圆形或半卵形，其作用是保护扳机，防止偶发。
射速——射击武器在1分钟内发射的弹数。

该枪于1983年问世，据称在有些方面作了重大改进。从外表看M-49除了枪托是由后向前折叠与其他冲锋枪差不多，但它的弹匣为4列式，虽然是装30发子弹的长度却能装50发，机械部分为后坐式，但击发由封闭的枪机控制，并使用独立的击锤与一种特殊的连动扳机系统结合在一起。射击时，先插入弹匣，然后拉一下枪栓，子弹入膛，枪机处于待发状态。这时击锤仍位于机匣的后部，再扳动解除击发的连杆，控制击锤向前移动，在靠近枪机处停住，枪便处于保险状态。

据称该枪还采用了所谓“正弦曲线式”膛线，能减少子弹的摩擦，同时还有助于降低枪管的温度。

杀手使用的“幽灵”冲锋枪

武器档案

口　　径：7.62毫米×51
自动方式：气动式
闭锁方式：回转枪机
供　　弹：弹匣
重量（装子弹）：5.1公斤
长　　度：1120毫米
射　　速：700发/分～750发/分（最大）

该枪使用非常方便，射手随时可以开火，完全不必考虑是否处于保险状态或者除了扣扳机以外还要做哪些动作。从而使其成为实施非常规战、反恐怖主义等行动的理想武器，在电影《LEON》中，杀手使用的就是这一款冲锋枪。

以色列乌齐9毫米冲锋枪

以色列乌齐9毫米冲锋枪

武器档案

使用枪弹：9毫米×19
自动方式：后坐式，单连发可调
供弹：25和32发弹匣
重量（未装弹）：
3.7千克（金属枪托）
3.8千克（木质枪托）
长度：650毫米（木枪托或金属枪托）
（收回枪托）470毫米
射速：600发/分（最大）

1948年阿以战争中，以色列发现本国没有性能可靠的冲锋枪。于是以色列陆军中尉Vziel Gal（后升至中校，现已退役）在1949年开始研制这种类型的武器，并打算让本国各军种的部队都使用。他曾经研究过捷克斯洛伐克于二战前生产的冲锋枪，尤其是23型和25型冲锋枪用的7.62毫米子弹。在这些武器和战后生产的ZK476 9毫米冲锋枪的基础上研制出了UZI冲锋枪，这种冲锋枪保留了捷克式枪的许多特点。

乌齐冲锋枪的装置

该枪利用后坐力实现连发，采用的是一种前进式底火发火装置，子弹发射时枪机仍向前运动，形成缓冲力。这种设计较之静态射击封锁装置的重量轻一半还多。

该枪不含枪托的长度为445毫米，枪管长260毫米。弹匣从握把底部插入，在夜色中很容易换弹匣，若使用长弹匣还便于弹匣的固定。枪机回到后部即停止发射，扣动扳机后枪机向前移动，从装25发子弹的弹匣里取一发子弹填入枪膛。子弹在弹匣里弹头稍微向上倾斜，只有进入枪膛后弹壳才与撞针联在一起。

调整控制杆分三档，分别是连发（A）、单发（R）和保险（S）。另外还有一个握把保险，松开按钮为保险状态，按下C即可正常射击。

小乐园

有效射程——也称有效射击距离，武器对各种目标射击时能获得可靠射击效果的距离。各种武器的有效射程依其性能和目标种类而定。

以色列乌齐9毫米小型冲锋枪

武器档案

使用枪弹：9毫米枪弹
自动方式：后坐式，单连发可调
供弹：25和32发子弹的弹匣
重量（未装弹）：2.7千克
长度：600毫米（打开枪托）
360毫米（折回枪托）
射速：950发／分

以色列“乌齐”冲锋枪

除了体积小重量轻以及射击方式不同外，其他跟上述UZI9毫米冲锋枪如出一辙。该枪便于携带和隐藏，尤其适合保安和警察人员使用，可以置于腰部进行射击，也能打开枪托利用肩部作依托进行射击，连发单发均可。据称该枪的可靠性和准确性很高。

捷克“蝎”Vz61冲锋枪

捷克“蝎”Vz61冲锋枪

具有手枪的小巧灵便及冲锋枪的火力，是一种典型的冲锋手枪，特别适合在车辆等窄小的空间内使用。精度好，可单连发，有消音装置。发射7.65ACP弹，有效射程50米～200米，弹匣容量10发～20发，枪长513毫米，枪重1.59千克(枪托可折叠）。

武器档案

枪　　长：513毫米
枪　　重：1.59千克
弹匣容量：10发～20发
有效射程：50米～200米

德国MP5SD型HK9毫米冲锋枪

武器档案

使用枪弹：9毫米×19枪弹
自动方式：延迟后坐式，单连发可调
供　　弹：15发或30发弯形弹匣
重量（未装弹）：（SD1）2.9千克
（SD2）3.2千克
（SD3）3.5千克
长　　度：（SD1）550毫米
（SD2）780毫米
（SD3）610或780毫米
射　　速：（最大）800发／分

该枪为MP5系列冲锋枪的无声型，结构跟MP5冲锋枪一样。区别在于有一根钻有30个洞的枪管。枪管上的消声器有两个分开的弹膛，一个与枪管上的洞相通，作为推进气的膨胀空间，以便降低气压使弹头速度减慢。另一个用于转移冒出枪口的气体，从而压抑随之产生的爆炸声。弹头以亚音速射出枪口，不会产生弹头飞行时出现的冲击声波。

德国MP5SD型HK9毫米冲锋枪

不同型号的MP5冲锋枪

这种枪有6种不同型号：MP5SD1装有机匣尾盖，没有枪托；SD2有一固定枪托，SD3

为可拆装的枪托。MP5SD4类似SD1，但除了单发和连发外，还装了点射装置；SD5就是在SD2上装配点射装置；SD6是在SD3上装配点射装置。各种型号均可使用望远瞄准镜和图像增强瞄准镜。该枪被用来装备联邦德国特种部队。

9毫米MPi69和MPi81Stey冲锋枪

20世纪60年代，奥地利施泰尔—曼利夏有限公司在雨果·斯托阿瑟的指导下，研制成功了MPi69式9毫米冲锋枪，装备奥地利军队和警察。后来又对MPi69式进行改进，推出了MPi81式冲锋枪。

MPi69式冲锋枪为自由枪机式武器，采用包络式枪机结构，前冲式击发方式。该枪的保险由穿过机匣的销子控制。销子白色的一端标有“S”，向上突起时为保险状态，另一端为红色，标有“F”，向上突起为解除保险。

MPi81主要改进是将背带环移到机匣的右侧，不与机柄连接，用左侧原位的机柄使枪处于待发状态。另外，内部结构稍有改变，使理论射速增加到700发/分左右。

这两种枪都配有机械瞄准具和单点式瞄准镜。

武器档案

使用枪弹：9毫米×19枪弹
自动方式：后坐式，单连发可调
供　　弹：25发或32发弹匣
重量（未装弹）：3.13千克
长　　度：670毫米（打开枪托）
　　　　　465毫米（折回枪托）
射　　速：550发/分（最大）
　　　　　100发/分（连发）

“冲锋手枪”贝雷塔M93R

武器档案

使用枪弹：9×19毫米枪弹
自动方式：后坐式，单连发可调
闭锁方式：回转枪机
供弹：15发、20发或25发弹匣
重量（未装弹）：1.3千克
长度：270毫米

“冲锋手枪”贝雷塔M93R

小乐园

击锤——用以打击针尾端使之前进击发枪弹底火的一个零件。击锤有回转式的和直动式的两种。

M93R手枪既可以单发射，又可以进行3发点射，所以有人将它称之为“冲锋手枪”， M93R的标准射击姿势是左手握前方的折叠握把和扳机护圈前端，右手握手枪握把，用右手拇指来调整射击选择扳柄和保险扳柄的位置。

奥地利Stey战术冲锋手枪

该枪看上去是手枪，但却能打连发，又有点像冲锋枪。该枪只有41个零件，机架和上护盖由塑料制成，内嵌金属导轨供枪机前后移动。枪栓位于机匣后端后瞄准具的下方，向下扳即处于待发状态。

该枪采用机械瞄准具，由片状准星和缺口式照门表尺组成。

小乐园

机械瞄准具——泛指机械上用的金属瞄准具，如表尺，准星和规孔等。

武器档案

口　　径：9毫米
自动方式：枪管短后坐、单发、3发点射
闭锁方式：铰链式
弹匣容量：15发和20发
枪　　重：1.12千克（20发弹匣）
枪　　长：195毫米
瞄准装置：准星—缺口式
瞄准基线：160毫米
射　　速：1100发／分

个性十足的“小间谍”特种枪

特种枪是用于暗杀、防卫和收藏的武器，主要被各国军事、安全、情报、警察部门和各种犯罪组织及个人使用，也被各种武器收藏组织或个人所收集。特种枪仿真伪装物，具有隐蔽性好的特点。

特死枪

美国联邦调查局曾检获过一种间谍用枪，名为“特死枪”。它是一种电子武器，外形由塑胶制造，通过插头接在一根近5米长的绝缘导线上，线的另一端有两个小的倒钩。开枪时，电容放电器放出高达5万伏的可变高压电流，通过倒钩接触在人身上，使其心脏剧跳而失去战斗力，甚至死亡。

毒伞枪

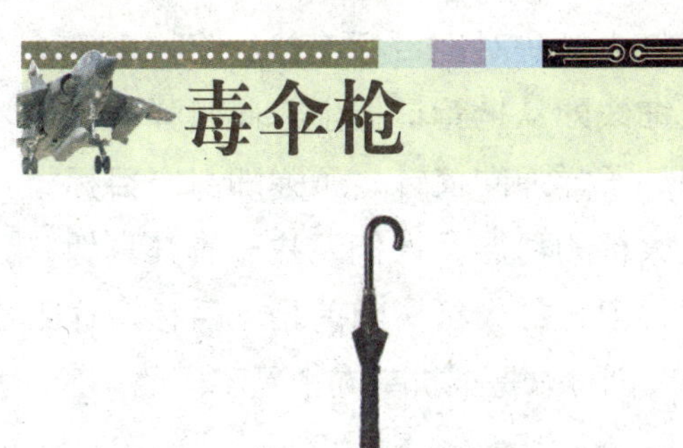

1978年9月，前保加利亚文化参赞格奥尔基·马科夫因投靠西方，在伦敦的大街上被暗杀。凶器是一种发射毒弹的伞枪。其外形与普通雨伞相似。

此枪内部装有扳机、操纵索、释放扣、活塞式击锤、气瓶和枪管等装置，毒弹直径仅2毫米左右，弹壳用铂铱合金制成，内盛剧毒的蓖麻油。发射时，击锤撞击气瓶放出气体，由气体将弹丸推出。弹头击中人体后，使人立即死亡，很少留下痕迹。

匕首枪

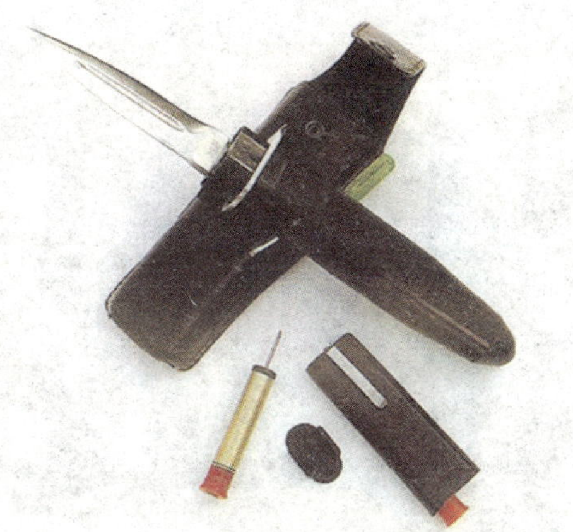

这种武器是专门用于执行特种任务时使用的。捷克的伞兵部队也曾配备过这种袖珍武器。这种枪前端是一把匕首或枪刺，后面的握柄中装有发射机构，扳机和瞄准具构成了匕首的护手。该枪能装4发子弹，射击方式为单发。这种枪有效射程不超过30米。这种武器尚未配备部队，只适于进行民用出口。

布雷顿手杖枪

以生产超轻型猎枪而著称的法国圣·艾蒂安公司设计出一种独特的手杖枪，它不是一件收藏品，而是一种真正的10毫米口径滑膛枪。手杖枪长910毫米（枪管长700毫米，握柄长190毫米，手杖头套20毫米），重665克，其大部分部件由铝制成的，击发机构藏在硬铝质圆头握把中，将握柄旋转1/4后向后移开，即可使枪机开锁，装弹后再旋紧，就可使枪机再次闭锁。按动位于握柄上的一个缺口处的扳机即可击发。由于该枪既无瞄准具又无枪托，因而只能在很近的距离（5米以内）使用。此外，在银色的握柄头上有一个小夹层，内装一发备用弹，黑色的杖身下端包有柔软的外箍，以免在触地时发出刺耳声音。这种手杖枪属于民用品，目前在市场上的售价为2000法郎。

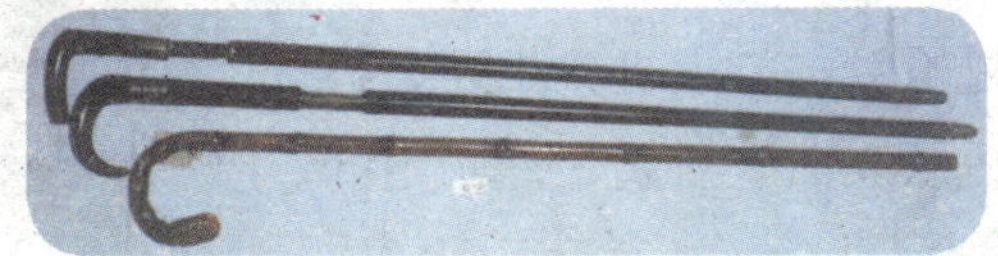

戒指枪

看起来它很像一件笨重的首饰，实际上那明显的突起部分暗藏一支微型手枪，能发射直径5毫米左右的步枪子弹。戒指的左侧有一小柄，用来上枪机。射击时只需用拇指按压该柄，尔后枪管缩进戒指。该戒指枪有两种型号，相互不通用：一种发射普通子弹，另一种发射催泪子弹。这种枪被吹嘘为“最佳防身武器”。

打火机枪

一个可充气的打火机，内装3根枪管，能发射5毫米口径的子弹。每根枪管装有弹簧，置于针的上方，由一根细线穿过枪管与打火机头相连，打火机从表面上看起来是固定的。射击时先将打火机头对准目标，然后将打火机头抛向一侧，细线即从枪管口拉出，此时弹簧将枪管和枪管内的子弹弹向撞针，子弹即射向目标。该枪仍有打火机的功能，人们无法分辨其真伪，但它射击时必须将打火机头向前指向目标，这跟平时使用打火机时只是把机头向上是不同的。

形形色色的特种枪弹

人们常常见到一些子弹的弹头上涂有各种颜色标记，其实这种弹头属于特种枪弹。所谓特种枪弹，就是在弹头内部构造与普通弹不同，它能用于完成各种任务。

颜色代表不同的弹头

弹头头部涂有绿颜色的是曳光弹，其弹头上端为软质铅饼，下端是曳光管，管内装有曳光剂和引燃剂。发射时，曳光剂在发射药作用下被引燃剂点燃，弹头飞行时便形成一条明亮的光迹，

可用来指示目标，修正瞄准点，同时还能引燃干草和灌木丛。

弹头涂红色的是试射燃烧弹，其弹头上部有燃烧剂，中部有钢芯和着发装置，下部有曳光管。发射后，曳光剂被点燃，形成光迹。当弹头碰到物体时，着发装置便会引燃燃烧剂，进而点燃所遇到的易燃物体，同时可对目标进行试射以修正瞄准点。

弹头涂黑色的是穿甲燃烧弹。其弹头是强度极大的碳素钢，能贯穿轻型装甲，杀伤其内部之敌；同时弹头内还装有燃烧剂，用于点燃各种易燃物。

弹头涂紫色的为穿甲燃烧曳光弹。该弹有多种功能，既能燃烧、发光，同时还能穿透敌方轻装甲。

大口径高射机枪只使用特种枪弹。弹药箱上也有相应的色带标记。

无壳弹

无壳枪弹只有弹头，没有弹壳。它是将火药与黏合剂模压成方形或圆形药柱，然后再将金属弹头和底火压制在药柱两头制成的。无壳枪弹具有重量小(只有一般枪弹重量的1/2)、体积小(只有一般枪弹体积的1/3)、制造工艺简单、成本低等优点，这样可以增加士兵的携弹数。德国研制的一种发射无壳枪弹的枪全长750毫米，枪口

直径4.7毫米，可以一次装填50发无壳枪弹。子弹发射速度快，稳定性好，命中率很高。

齐射弹

多头枪弹又叫齐射弹。它的弹头部分由两个或多个小弹头组成。每个小弹头呈圆锥形，首尾相连，依次镶嵌在一个较长的普通金属弹壳里面。多头枪弹发射后，弹头中的多个小弹头的着弹点成环状分布，从而提高了命中率。发射一发多头枪弹，相当于发射多发枪弹，增加了杀伤力。

小乐园

曳光弹——弹头尾部装有曳光剂，在飞行时能发光显示弹迹的枪弹，弹头头部涂有绿色标志。主要用于试射和指示目标。

燃烧弹——弹头内装有燃烧剂的枪弹。弹头头部涂有红色标志。弹头击中目标后，燃烧剂发火，点燃易燃物体，烧毁和烧伤敌人员、物资等。

达姆弹

这是一种杀伤力极大的枪弹，俗称“开花弹”或“炸子儿”，是英国人在印度加尔各答附近的达姆—达姆兵工厂首先生产的，所以叫达姆弹。达姆弹出现于1897年，由达姆—达姆兵工厂军方总监克莱上尉设计。这种弹由于弹头铅心外露，射入人体后铅心从被甲内突出，被压扁成蘑菇状，发生扩张或破裂，迅速释放能量，扩大创伤出口，具有类似爆炸弹头的致伤效果，会造成严重伤害。

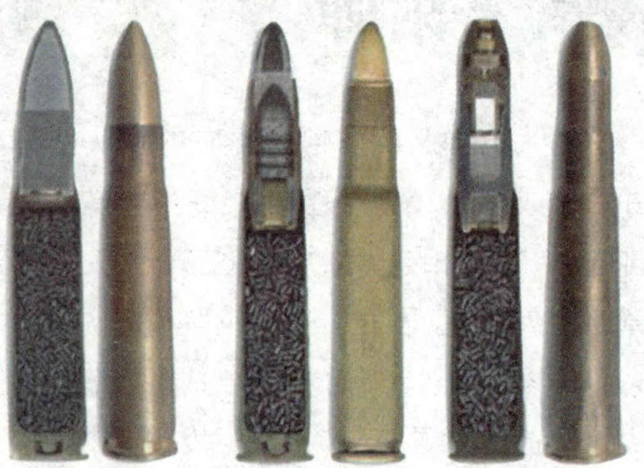

微声枪奇观

微声枪就是人们常说的无声枪，它并非没有声音，而只是声音被减弱到可以允许的程度罢了。一般要求是，室外射击室内听不到；室内射击室外听不到；白天不见烟和焰；晚上不见光。

1908年，美国制造商和发明家H.P.马克沁（与发明重机枪的H.S.马克沁不是同一人）发明了世界上第一个枪用消声器，微声枪由此而诞生。马克沁喜欢安静环境，厌嘈杂声，特别是打猎时的猎枪声。为此他决心研制出能消除噪声的装置。马克沁研究认为，通过某种装置使枪弹击发时排出的气体作旋转运动，就可充分消除噪声。1908年，马克沁制造出第一个猎枪用消声器，使猎枪射击声大大减小。当年3月25日，马克沁获得这项发明的第一个专利。

微声枪的主要作用是使射手能隐蔽接近目标，消灭目标的同时不暴露自己的位置，既可不惊动其他人，也可有意造成敌方同伙的心理恐慌。在特种作战和营救人质等行动中，这种武器的作用越来越被人们所重视，因此许多国家都纷纷研制自己的微声武器。

据说第一批微声手枪生产出来时，当时美国总统的一位好友挑选了一支，准备送给总统，他悄悄带着微声手枪和沙袋进了白宫。不巧，总统正在办公室与别人谈话。于是，这位总统的朋友把沙袋放在办公室外的角落，用微声手枪向沙袋连放10枪。当他把还有余热的手枪递给总统时，总统才知道有人在近在咫尺的地方开枪了。总统惊讶不已，并幽默地对朋友

小乐园

初速——弹头脱离枪（炮）口瞬间的运动速度。相同的弹头，初速大的，射程远，侵彻力大，反之则小。

说："只有你才能带着这种武器进我的办公室来。要是换了别人，说不定我的脑袋掉了还无人知道。"

德国HK公司的MP5 SD微冲锋枪

这种微声冲锋枪是西方特种部队和反恐怖人员使用最广泛的微武器。如美国海军的"海豹突击队"、英国的"特别空勤团"、法国的"反恐怖部队（GIGN）"和德国的"第九边防大队（GSG9）"等，都曾用它出色地完成了任务。它采用网式和隔板式相结合的整体式消音器，发射9毫米派拉贝鲁姆枪弹。枪管上钻有小孔，单、连发均很有效，据报道，其射击噪音仅有66.5分贝，只相当于普通谈话声级。

武器档案

口　径：9毫米 枪　长：780毫米
初　速：85米/秒 有效射程：135米
理论射速：800发/分
战斗射速：单发——40发/分
连发——100发/分
自动方式：半自由枪机式
闭锁方式：滚柱式
发射方式：单发、连发或3发点射
供弹方式：弹匣
容 弹 量：15发、30发
瞄准装置：准星—柱形 照门—觇孔式
瞄准基线长：340毫米

美国英格拉姆M11微声冲锋枪

第二次世界大战后美国研制的第一支冲锋枪是著名轻武器设计师戈登·英格莱姆设计的。M11微声冲锋枪由机匣、枪管、枪机、枪托、消音器、弹匣等组成。枪全重3.27千克，枪管长225毫米，有效射程150米。该枪采用自由枪机式自动方式，由30发交错排列的双排直形弹匣供弹，初速可达到250米／秒。

武器档案

枪　　重：3.27千克
枪管长：225毫米
有效射程：150米
初　　速：250米/秒
自动方式：自动机枪式

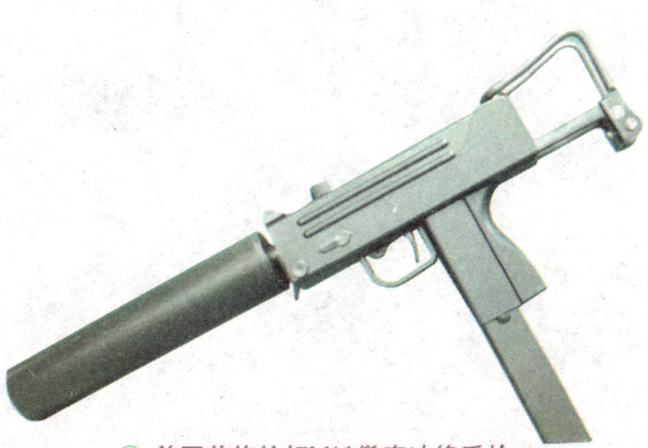

美国英格拉姆M11微声冲锋手枪

第三章

战场上的霸主——火炮

Zhanchangshang De Bazhu Huopao

火炮是以发射药为能源发射弹丸，口径在20毫米以上的身管射击武器。火炮种类较多，配有多种弹药，可对地面、水上和空中目标射击，歼灭、压制有生力量和技术兵器，摧毁各种防御工事和其他设施，击毁各种装甲目标和完成其他特种射击任务。

完美曲射的迫击炮

迫击炮是用座板承受后坐力、发射迫击炮弹的曲射火炮。迫击炮重量轻，操作简便，弹道弯曲，适用于对遮蔽物后的目标和水平目标射击，能在短兵相接的场合发挥威力。同时便于运载，可以跟步兵一起翻山越岭，是团、营装置的压制兵器，主要担负近距离压制任务。

法国2R2M迫击炮

法国2R2M迫击炮

“膛线后坐力车载迫击炮”（2R2M）是法国TDA公司研制的新型机动式120毫米线膛迫击炮。它安装在VAB6×6装甲车上，配备全套火控系统、导航系统和弹道计算机，能方便地与法国陆军的“阿特拉斯”战场管理系统联网。

2R2M是线膛炮，最大射程为13千米，也能发射滑膛炮弹，最大射程有所降低，但超过7千米，在使用火箭增程弹和火药气体推进尾翼式超远程火箭增程弹时，最大射程有可能增加到17千米～20千米。

德国“卡尔”600毫米自行迫击炮

小乐园

自行迫击炮：装在车辆上，可以和车辆一起作战的迫击炮。

“卡尔”600自行迫击炮，不是重型坦克，赛过重型坦克，有人称它为“超级战车”。

“卡尔”巨炮参加的最后的战斗是，1945年4月11日第428重炮兵连在柏林以南50千米处迎击苏军潮水般地进攻。在强大的苏联红军的进攻面前，几门“卡尔”巨炮显得十分渺小，根本无法阻挡苏联红军的钢铁洪流。“卡尔”巨炮也纷纷成了苏联红军和盟军的战利品。

二战德国“卡尔”600毫米自行迫击炮

美国“小戴维”迫击炮

“小戴维”是二战时期制造的最大口径火炮。该迫击炮的炮筒重65304千克，口径为914毫米，炮座重72560千克，发射的弹头重约1700千克。

美国“小戴维”迫击炮

翻山越岭的榴弹炮

榴弹炮身管较短，初速较小，弹道较弯曲，是地面炮兵使用的主要炮种之一。榴弹炮的射角较大，弹丸的落角也大，杀伤和爆破效果好。它适宜射击隐蔽目标或大面积目标。如山后有一座敌人碉堡，榴弹炮射击时能翻过山顶将目标摧毁。

M110系列自行榴弹

M110系列自行榴弹炮包括M110式、M110A1式和M110A2式自行榴弹炮。它们分别于1963年、1977年和1980年装备部队。

M110系列203毫米自行榴弹炮装备美陆军师、军两级部队。装甲师和机械化师各装备一个203毫米自行榴弹炮营(12辆)。

M110系列自行榴弹

除美军外，英国、比利时、西班牙、希腊、以色列、土耳其、伊朗及韩国部队也装备了M110式203毫米自行榴弹炮；巴基斯坦装备了M110A1式203毫米自行榴弹炮；联邦德国、意大利、荷兰、日本、约旦及中国台湾已装备或即将装备M110A2式203毫米自行榴弹炮。

强力支援的加农炮

加农炮是一种身管较长、初速较大、射程远、弹道低伸的火炮。它适宜于直接瞄准射击坦克、步兵战车、装甲车辆等地面上的活动目标，也可以对海上目标射击。坦克炮、反坦克炮、舰炮、海岸炮等，具有加农炮特性，属加农炮类型。

加农炮由于弹道低伸，射击死角较大，阵地配置受到地形限制，所以常常与榴弹炮配合使用。

56式85毫米加农炮

56式85毫米加农炮是苏联D-44式毫米加农炮的改进产品，1956年定型并投入批量生产，装备部队，主要用于反坦克。

该炮采用带大侧孔冲击式炮口制退器的单筒身管、半自动立楔式炮闩、筒后坐液压节制杆式制退机和液体气压式复进机；瞄准装置包括有58式周视瞄准镜、56式直接瞄准镜和标定器。配用破甲弹、碎甲弹、穿甲弹、榴弹。

美国M-59式加农炮

美国制造，也称M-2式加农炮。20世纪40年代初定型生产的155毫米牵引火炮。第二次世界大战时期装备部队，是美军战时最主要的远程重型火炮，用以装备军及集团军炮兵部队的加农炮营（约3个～5个）。每营炮12门。战后装备美国、法国、澳大利亚、阿根廷、丹麦、希腊、意大利、日本、约旦、韩国、巴基斯坦、土耳其、前南斯拉夫等国。本炮射程远、威力大，但重量太大、机动性差，靠履带车牵引。该炮早已停产，为M-107式取代。

59-1式130毫米牵引加农炮

59-1式130毫米加农炮在20世纪七八十年代，一直是中国炮兵的主力当家炮，装备炮兵师及以后各集团军属炮兵。59-1式130毫米加农炮配用杀爆燃弹（射程30千米）、远程杀爆弹（32千米）、底排增程弹（38千米）、反坦克子母弹（25千米）等弹药。

59-1式130毫米牵引加农炮

89式120毫米自行加农炮

20世纪80年代末装备部队的89式120毫米自行反坦克炮是我军装备的第一种自行反坦克炮，也是世界上第一种进入现役的120毫米自行反坦克炮。1969年“珍宝岛”事件的爆发，让中国意识到了自己的反坦克武器与强敌装甲力量之间存在的巨大差距，并随即在70年代初展开了规模宏大的反坦克武器研发工作，120毫米口径的坦克炮和反坦克炮就是其中的重点之一。

1991年，电影《弹道无痕》中首次展现了89式120毫米自行反坦克炮的身影。不久，中央电视台的新闻联播中，出现了89式120毫米自行反坦克炮的身影。

迅速猛烈的火箭炮

火箭炮是炮兵装备的火箭发射装置，发射管赋予火箭弹射向，由于通常为多发联装，又称为多管火箭炮。火箭弹靠自身的火箭发动机动力飞抵目标区。其特点是重量轻、射速大、火力猛、富有突然性，适宜对远距离大面积目标实施密集射击。

中国A100火箭炮

中国A100火箭炮与俄罗斯BM－30是同一级别的多管火箭武器，主要用于打击战术纵深内的各种集群目标，与美国M270和俄国BM－30相比，中国A100火箭炮在射程、精度、威力等方面都毫不逊色，特别在射程上还具有明显优势，其整体性能位于世界同类武器前列。

M270式多管火箭炮

M270式273毫米多管火箭炮由美国、德国、英国、法国和意大利5国共同研制，1983年装备部队。它主要被用来对付集群坦克和机械化部队，是一种大面积杀伤武器。该炮在海湾战争中投入作战。

多管火箭炮由履带发射车、发射箱及火控系统组成，配用SCS连用数字计算机，高度自动化。火箭炮配用：双用途子母弹，制导火箭弹、陆军战术导弹、灵巧战术火箭弹等。该炮全重25吨，采用M2战车底盘，能伴随M1坦克快速行进，最大行程480千米，最大时速64千米。

俄罗斯“飓风”220毫米火箭炮

1977年装备苏联陆军。16个发射管，分三层排列，上层为4管，下面两层各6管。配用弹种有榴弹、化学弹和子母弹，一次齐射可布设368枚反坦克地雷。发射车采用“吉尔-135”卡车底盘。行军时，发射管与发射车成水平状态（炮口朝后）。

火箭弹重280千克，齐射时间20秒，最大射程34000米，战斗全重22.7吨，最大行驶速度65千米/小时，最大行程500千米，炮班人数4人。

俄罗斯“旋风”300毫米火箭炮

1987年开始装备苏军部队，是当今世界口径最大、射程最远的火箭炮。12个发射管，上面一排4管，下面两侧各4管。发射车采用MA3-543M式8×8卡车底盘。配用榴弹、子母弹，子母弹内装有72枚预制破片子弹。车内配有自动化火控系统，弹上装有自动修正、导向和控制装置，射击精度明显高于其他火箭炮。

火箭弹重800千克，齐射时间38秒，最大射程70千米，战斗全重43.1吨，最大行驶速度65千米/小时，最大行程650千米，炮班人数4人。

俄罗斯体〈旋风〉300毫米火箭炮

守护天空的高射炮

从地面对空中目标射击的火炮。它炮身长，初速大，射界大，射速快，射击精度高，多数配有火控系统，能自动跟踪和瞄准目标。高射炮也可用于对地面或水上目标射击。高射炮按运动方式分为牵引式和自行式高射炮。

火神M167高射炮

火神M167高射炮

火神　M167式20毫米高射炮于1964年开始研制，1967年研制成功并用于取代M55式12.7毫米联装高射机枪。其装备型号为M167A1式，它与原M167式基本相同。该炮1969年正式装备美国陆军空中机动师和空降师属防空炮兵营。每营编制4个连，每个连装备12门炮，全营共装备48门高射炮，主要用于对付低空飞机及亚音速导弹，也可攻击地面目标。

L/70式自动高射炮

瑞典博福斯公司1945年～1946年开始设计和研制，1949年～1950年瑞典陆军对该炮进行试验，同时完成研制工作，投入生产。印度军队在继续使用L/60式高射炮的同时，引进瑞典生产的L/70式自动高射炮，并于1972年获准生产。该炮主要用于地面部队和重要设施防空，可攻击低空飞机、导弹以及地面或水上目标。

该炮口径是40毫米，初速1005米/秒，有效射高3000米，射速240发/分钟。

L/70式自动高射炮

肩膀上的火箭筒

火箭筒是一种发射火箭弹的便携式反坦克武器，主要用于近距离打击坦克、装甲车辆和摧毁工事等目标。

美国M20式火箭筒

M20式88.9毫米火箭筒，是第二次世界大战后，在M9A1式60毫米火箭筒的基础上研制而成的，于1950年装备美军。其后，曾多次对该火箭筒进行改进，先后出现过M20A1、M20A1B1和M20B1等几种型号。

该火箭筒除了作为美军制式装备外，曾在20多个西方国家军队中服役，并用于朝鲜战场。意大利、比利时、巴西、马来西亚等国曾相继生产仿制品。瑞士的58－80式、西班牙的M65式和C－90式、法国的F1式、以色列的B－300式和南斯拉夫的M79式等火箭筒，都是从M20式88.9毫米火箭筒演变而成的。

铁拳3火箭筒

小乐园

准星——瞄准装置的一部分。通常位于枪口上端。有圆柱形、三角形、长方形等数种。

荷兰皇家陆军已选定德国代那米特·诺贝尔公司的“铁拳3”反坦克火箭筒，用以满足其对近程反坦克武器的长期需求。

“铁拳”火箭筒设计用于攻击300米内的运动目标和400米内的固定目标。使用Dynarange发射装置，“铁拳3”－IT 600火箭弹可以攻击600米内的目标，这种发射装置装有带激光测距仪的瞄准具、光学瞄准具和测量目标速度的速度传感器，也可以安装西姆拉德公司的KN205F微光瞄准具用于夜间作战。

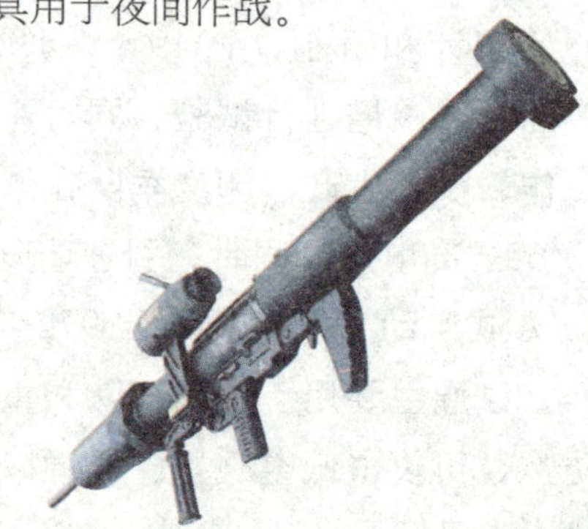

黄蜂58式火箭筒

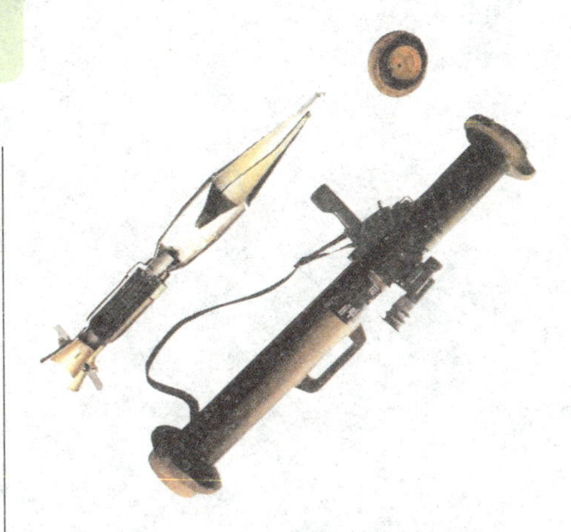

黄蜂58式70毫米火箭筒是法国地面武器工业集团研制的轻便型反装甲武器，于1989年完成研制工作，同年末批量生产。该火箭筒可用于对付装甲战车，毁坏野战工事和军事设施，适用于步兵快速突击分队和空降部队，也可以配装在直升机上，在敌人后方作战使用。

卡尔·古斯塔夫M2—550式火箭筒

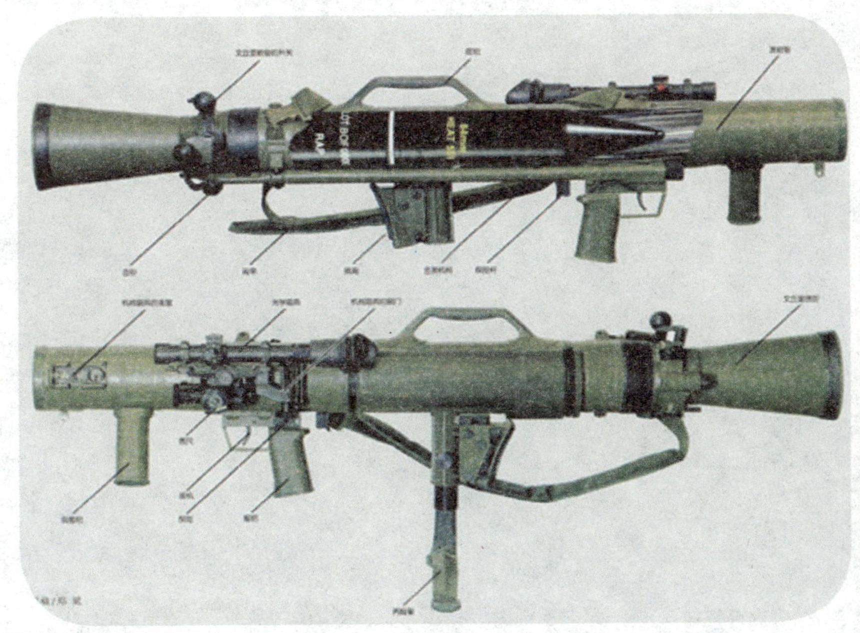

20世纪70年代初，瑞典FFV军械公司对卡尔·古斯塔夫M2式84mm火箭筒进行改进设计，并研制出了FFV551式84mm火箭增程破甲弹和FFV556式光学瞄准装置。改进后的产品定名为卡尔·古斯塔夫M2－550式84mm火箭筒。除瑞典军队装备使用外，澳大利亚、加拿大、德国、英国、以色列、新加坡等国家的军队也装备了该火箭筒。

第四章

魁梧战士——坦克

Kuiwu Zhanshi Tanke

坦克是具有强大直射火力、高度越野机动性和坚固防护力的履带式装甲战斗车辆。它是地面作战的主要突击兵器，主要用于与敌方坦克和其他装甲车辆作战，也可以压制、消灭反坦克武器，摧毁野战工事，歼灭有生力量，是各国陆军、海军陆战队和空降兵的主战武器。

美国M47中型坦克

1952年装备美军，总生产量为9100辆，其中约有8500辆出口。除美国外，使用该坦克的还有意大利等国。该坦克只在其他国家军队的作战中使用过。如1956年法军在埃及塞得港的登陆作战、1965年的印巴冲突、1967年的阿以战争、1974年的塞浦路斯冲突和1977年的欧加登战争等。该坦克体积大，显得笨重。炮塔的液压驱动机构和汽油机中弹后容易着火。

武器档案

型　　号：M48A5
战斗全重：48.9t
乘　　员：4人
车　　长：6.9m
车　　宽：3.63m
车高（至炮塔顶顶）：3.28m
主要武器：105毫米线膛炮
辅助武器：1挺7.62毫米机枪
弹药基数：105毫米：54发
7.62毫米：10000发
夜间观瞄仪器：红外
发动机功率：560kW
最大速度：48km/h
最大行程：494km
装甲防护：均质钢装甲

小乐园

炮塔：坦克身上可以旋转的“小脑袋”。

美国M48中型坦克

1953年4月陆军将T48坦克列入装备，改称M48坦克，也称M48巴顿坦克，该系列坦克生产量达11703辆，其中克莱斯勒公司制造6000辆，各型车生产持续到1959年。除美国外，使用该坦克的还有希腊等国。该坦克参加过朝鲜战争、越南战争和中东战争。

M48A5坦克采用M60坦克的火炮和柴油机，性能达到了M60主战坦克的水平。

解放欧洲的伟大战斗中，巴顿的军事领导艺术和指挥才能达到了光辉的顶点。然而，在战争刚刚结束不久的1945年12月21日下午5时49分，因12月

9日在一次车祸中不幸负伤，巴顿离开了人世。人们怀念他，想念他，于是，人们将M48中型坦克命名为“巴顿”坦克。

武器档案

型　　号：M48A5
战斗全重：48.9吨
乘　　员：4人
车　　长：6.9米
车　　宽：3.63米
车高（至炮塔顶顶）：3.28米
主要武器：105毫米线膛炮
辅助武器：1挺7.62毫米机枪
弹药基数：105毫米：54发
7.62毫米：10000发
夜间观瞄仪器：红外
发动机功率：560千瓦
最大速度：48千米/小时

乔治·S.巴顿将军

乔治·S·巴顿将军

乔治·S.巴顿将军(1885～1945)是美国陆军四星上将。1909年毕业于西点军校。第一次世界大战时，曾任美国欧洲远征军总司令潘兴将军的上尉副官。1917年参与美军第1装甲坦克旅的组建，并随该旅参战。1932年毕业于美国陆军学院。巴顿历任装甲坦克旅旅长、师长、军长；第二次世界大战期间，曾任美国第3集团军司令。法西斯德国投降后，任德国巴伐利亚军事行政长官和美国第1集团军司令，免职后负责领导一个总结战争经验的小组。

中国台湾M48H猛虎主战坦克

武器档案

战斗全重：50吨
乘　　员：4人
弹药基数：105毫米60发
车长（炮向前）：9.306米
车　　宽：3.631米
车高（至指挥塔顶）：3.086米
发动机功率：559千瓦
最大速度：48千米/小时
最大行程：48千米
主要武器：105毫米线膛炮
辅助武器：1挺12.7毫米机枪
2挺7.62机枪
装甲防护：均质钢装甲

台湾省与一家美国公司合作研制的主战坦克。1990年4月正式装备台湾省陆军。采购单价高达300万美元。M48H大量采用美国现役坦克的现成部件，外形上与美国的M48A5和M60A3相同，整车高度较高，形体目标较大。火控系统较先进，具有行进间射击能力和夜间作战能力。其动力装置与M60A3的相同，整车的机动性稍差些。车体及炮塔正面装甲最厚处为110毫米，车内有三防装置和自灭火抑爆装置。

美国M60主战坦克

1960年列入美军装备，总生产量1.5万多辆。除美国使用外，还出售给奥地利等国。它由M48A2发展而成，车体和炮塔均为整体铸造。火控系统包括机械式弹道计算机、合像式光学测距仪、主动红外夜视瞄准镜等。动力装置为风冷涡轮增压柴油机，配用液力机械传动装置。它有三种改进型：M60A1（炮塔前部尖，采用火炮双向稳定器、模拟式弹道计算机，安装深水涉渡装备等）、M60A2（安装152毫米两用炮，配用常规炮弹和橡树棍反坦克导弹）、M60A3（以M60A1为基础改进的，采用全固态电子模拟式弹道计算机、激光测距仪、微光被动夜视瞄准镜，安装烟幕弹发射器等）。M60、M60A1分别参加了第四次中东战争和海湾战争。

美国M60主战坦克

武器档案

型　　号：M60A3
战斗全重：52.617吨
乘　　员：4人
车　　长：9.436米
车 体 长：6.946米
车　　宽：3.631米
车　　高：270米（至炮塔）
公路最大速度/行程：
48.28千米/小时/480千米
涉　　水：1.2米（2.4米，有准备）
爬　　坡：60度
通过垂直障碍：0.91米
越　　壕：2.59米
主要武器：105毫米线膛炮
辅助武器：7.62毫米并列机枪
12.7毫米高射机枪
弹　　药：105毫米炮弹63发
7.62毫米枪弹5950发
12.7毫米枪弹900发
装甲厚度
车体前上：110毫米/25度
车体前下：110毫米/35度
车体侧面：80毫米/90度
炮塔正面：110毫米
炮塔侧面：64毫米
火炮防盾：178毫米

美国M1主战坦克

1981年列入美军装备，到目前为止共有三种型号：M1、M1改进型和M1A1，总生产量为7467辆。在海湾战争中，美军首先重点部署了M1坦克，但为对付伊军的化学武器，特从欧洲调派了更先进的M1A1坦克。M1艾布拉姆斯坦克无疑是当今世界上最好的坦克之一，然而它又的确不适应现代突发战争要求快速部署的需要，艾布拉姆斯坦克是为在中欧平原地区同苏联部队作战发展的一种主战坦克，至今仍是世界上最杰出的主战坦克之一。

美国M1主战坦克

小乐园

车高：就坦克从炮塔到地面的距离。

为纪念原陆军参谋长，二次大战中著名的装甲部队司令格雷夫顿·W·艾布拉姆斯将军，特把该坦克命名为“艾布拉姆斯”主战坦克。

格雷夫顿·W·艾布拉姆斯上将

原陆军参谋长，第二次世界大战中著名的装甲部队司令。

曾任陆军训练与条令司令部司令，毕业于诺克斯堡候补军官学校，获得过匹兹堡大学公共管理硕士学位。在陆军军事学院学习过，越南战争中任过装甲骑兵排排长、中队长，在德国任过装甲骑兵团团长，韩国任步兵师师长，后去德国任军长。此外还任过机关参谋、院校教官、陆军作战局副局长等。

武器档案

型　　号：M1A1
战斗全重：57吨
乘　　员：4人
车　　长（炮向前）：9.828米
车　　宽：3.653米
车　　高（至炮塔顶）：2.438米
发动机功率：1103千瓦
最大速度：66.8千米/小时
最大行程：465千米
主要武器：120毫米滑膛炮
辅助武器：2挺7.62毫米机枪
1挺12.7毫米机枪
弹药基数：120毫米：40发
7.62毫米：11400发
12.7毫米：1000发
装甲防护：复合装甲

韩国88式主战坦克

韩国88式主战坦克

1985年装备韩国部队，计划生产833辆。该坦克是美国通用动力公司设计的，总体布置与美国M1坦克相似，该坦克的设计充分考虑了朝鲜半岛的独特地形和韩国坦克乘员的人体特点。首次露面是在1987年10月韩国建军节阅兵式上。1987年9月首批200多辆88式主战坦克交付陆军装备。

武器档案

长：9.32米
宽：3.37米
高：2.29米
战斗全重：38吨
乘　　员：4人
最大公路速度：57千米/小时
最大公路行程：500千米
武器：1门105毫米线膛炮
1挺7.62毫米并列机枪
1挺12.7毫米高射机枪

英国百人队长中型坦克

有的译为逊邱伦坦克，1949年列入英军装备，总生产量为4423辆。除英国外，使用该坦克的还有丹麦等国。该坦克参加过朝鲜战争、1956年的苏伊士运河事件、越南战争、多次中东战争、1971年的印巴冲突等。英国对该坦克进行了一系列技术改进，基本车型从1型发展到13型，共计25种型号，最后的13型具有一定的代表性。主要武器采用105毫米线膛炮，是当时西方坦克中口径最大的火炮。该坦克配用红外瞄准镜，具有夜间作战能力。车体用钢装甲板焊接而成，炮塔为铸造的。炮塔正面装甲厚度达152毫米。它的外形高大，机动性差，不能满足现代战争的要求。

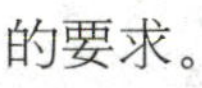

武器档案

战斗全重：51.82吨
乘　　员：4人
车长（炮向前）：9.854米
车　　宽：3.390米
车　　高（至炮塔顶）：2.970米
发动机功率：478千瓦
弹药基数：105毫米：64发
7.62毫米：4750发
12.7毫米：600发
主要武器：105毫米线膛炮
辅助武器：2挺7.62毫米机枪
　　　　　1挺12.7毫米机枪
最大速度：34.6千米/小时
最大行程：190千米
装甲防护：均质钢装甲

英国维克斯主战坦克

英国维克斯主战坦克

英国维克斯防务系统公司专为出口研制开发出来的。1965年间向印度交付第一辆维克斯1型（印度称胜利坦克），同年在印度投产，总共为印度陆军生产1500多辆。除此以外，英国向科威特等国出售200余辆。与英国其他主战坦克相比，维克斯坦克装甲薄、重量轻、速度快、行程大，可借助围帐浮渡江河。火炮是双向稳定的。发动机为二冲程多燃料发动机，与传动装置构成整体式结构，便于维修的时候更换。车体和炮塔为钢装甲全焊接结构。车内装有火灾报警和灭火装置。维克斯2坦克增装摆动火焰反坦克导弹发射架，未正式投产。维克斯3坦克在维克斯1坦克基础上改进而成，炮塔前部为铸造结构，采用四冲程发动机和自动传动装置。

武器档案

战斗全重：38.6吨
乘　　员：4人
车长（炮向前）：9.728米
车　　宽：3.168米
车高（至炮塔顶）：2.438米
发机功率：485千瓦
弹药基数：105毫米：44发
7.62毫米：3000发
12.7毫米：600发
主要武器：105毫米线膛炮
辅助武器：1挺12.7毫米机枪
　　　　　2挺7.62毫米毫米机枪
最大速度：48千米/小时
最大行程：480千米
装甲防护：均质钢装甲

英国维克斯MK7主战坦克

英国维克斯防务系统公司与德国克劳斯-玛菲公司合作研制的坦克，1986年研究出样车。该坦克采用豹2坦克盘和勇士坦克炮塔，装120毫米线膛炮、1100千瓦发动机。车体主要部位采用复合装甲，炮塔前部和两侧装有乔巴姆复合装甲。

武器档案

战斗全重：54640吨
乘　　员：4人
车长（炮向前）：10.950米
（炮向后）：9.770米
车体长：7.722米
车　　宽：3.420米
车高（至炮塔顶）：2.540米
主要武器：120毫米线膛炮
辅助武器：1挺7.62毫米机枪
1挺12.7毫米机枪
弹药基数：120毫米：38发
7.62毫米：2000发

英国维克斯MK7主战坦克

英国酋长主战坦克

有的译为奇伏坦坦克，1967年装备部队，总生产量为1850辆。除英军装备900辆外，其余的在伊朗等国军队中服役。该坦克参加了中东战争和海湾战争。它从投产以来一直在不断进行改进，基本车型从1型发展到12型，共有21种型号，其中5型具有一定的代表性。火炮配用穿甲弹和碎甲弹。

综合火控系统包括数据处理、瞄准、传感、火炮操纵四个分系统。主发动机为二冲程水冷多种燃料发动机，车内后部有一台辅助发动机。车体和炮塔采用厚装甲。车内装有火灾自动报警器和灭火装置。分装式炮弹的药筒储存在防火箱内。有三防装置。

武器档案

战斗全重：55吨
乘　　员：4人
车长（跑向前）：10.80米
车　　宽：3.50米
车高（至炮塔顶）：2.40米
主要武器：120毫米线膛炮
辅助武器：2挺7.62毫米机枪
1挺12.7毫米机枪
弹药基数：102毫米：64发
7.62毫米：6000发
12.7毫米：300发
火控系统：扰动式
发动机功率：559千瓦
最大速度：48千米/小时
最大行程：400千米
装甲防护：均质钢装甲

英国酋长主战坦克

英国挑战者1主战坦克

1983年列入英国陆军装备，总生产量为420辆。该坦克参加了海湾战争。根据海湾战争的使用情况进行了现代化改进，用L30型120毫米线膛炮替换原来的L11A5型120毫米线膛炮，安装电动的指挥塔。火炮是双向稳定的。火控系统包括数字式弹道计算机、激光测距仪、热像仪和各种传感器，具有夜间作战能力。车内装有三防装置和灭火装置。

英国挑战者1主战坦克

武器档案

战斗全重：62吨
乘　　员：4人
车长（炮向前）：11.55米
车　　宽：3.52米
车高（至炮塔顶）：2.49米
发动机功率：895千瓦
最大速度：65千米/小时
弹药基数：120毫米：64发
7.62毫米：4000发
主要武器：120毫米线膛炮装甲防护
辅助武器：2挺7.62机枪
装甲防护：均质钢装甲、复合装甲

英国挑战者2主战坦克

1990年制成样车。现已战胜竞争对手——豹2改进型、A1A1和勒克莱尔主战坦克，被英国陆军选中。英军已订购337辆，用来替换酋长坦克。该坦克是在挑战者1坦克的基础上研制的，安装新型炮塔和L30型120毫米线膛炮，配用带贫铀弹芯和新发射药的尾翼稳定脱壳穿甲弹。

武器档案

战斗全重：62.5吨
乘　　员：4人
车长（炮向前）：11.55米
车　　宽：3.52米
车高（至炮塔顶）：2.49米
发动机功率：880千瓦
最大速度：56千米/小时
弹药基数：64发
主要武器：120毫米线膛炮
辅助武器：2挺7.62毫米机枪
装甲防护：均质钢装甲、复合装甲

火控系统包括数字式弹道计算机、稳定式瞄准镜、激光测距仪、热像仪等。装有三防装置、灭火装置、热烟幕施放装置、烟幕弹发射器以及环境温度调节系统。有辅助动力装置。

法国AMX—30主战坦克

法国于20世纪60年代生产的主战坦克，1967年开始装备法军。生产总数超过4000辆，约半数左右装备法军，其余出口到利比亚、西班牙、伊拉克、沙特阿拉伯等10多个国家。现仍在法军中服役。

法国AMX—30主战坦克

武器档案

战斗全重：36吨
乘　员：4人
车长（炮向前）：9.48米
车　宽：3.10米
车高（至炮塔顶）：2.29米
发动机功率：529千瓦
最大速度：65千米/小时
弹药基数：105毫米：47发
7.62毫米：2050发
主要武器：105毫米线膛炮装甲防护
辅助武器：1门20毫米机关炮
2挺7.62机枪
装甲防护：均质钢装甲

法国AMX-32主战坦克

是专为出口研制，在AMX-30的基础上改进而成。1975年开始研制，1979年制出第一台样车。结构上的改进包括重新设计的炮塔、履带和带叠层装甲的车体、新的防盾，取消了探照灯，改变微光电视的位置。

战斗全重增加到40吨，装120毫米滑膛炮的AMX-40坦克及其主炮所配的弹药。

武器档案

战斗全重：39000 吨
乘　员：4人
车长（炮向前）：9.480米
车　宽：3.240米
车高（至炮塔顶）：2.960米
防护装置：间隙装甲、普通装甲、复合装甲
主要武器：105毫米线膛炮120毫米滑膛炮
辅助武器：1门20毫米机关炮
1挺7.62毫米机枪
弹药基数：105毫米 47发
20毫米 480发
7.62毫米 2150发

军事武器百科

法国AMX-40主战坦克

法国于20世纪80年代研制的专用于出口的主战坦克，目前已向西班牙出口。

法国AMX-40主战坦克

AMX-40坦克装一门法国研制的120毫米滑膛炮，采用非扰动式火控系统。动力装置为超高增压柴油机，采用自动变速箱，车首及炮塔采用复合装甲，车体两侧有侧裙板。车内有三防装置、灭火抑爆装置。炮塔上有烟幕弹发射器。

武器档案

战斗全重：43吨
乘　　员：4人
车长（炮向前）：10.040米
车　　宽：3.360米
车高（至炮塔顶）：2.380米
主要武器：120毫米滑膛炮
辅助武器：1门20毫米机关炮
弹药基数：120毫米 38发
20毫米480发

目前，AMX-40坦克尚无变型车，只有法国于20世纪80年代研制的专用于出口的AMX-40这一款主战坦克。

法国勒克莱尔主战坦克

法国正在研制中的主战坦克，以原法军装甲兵元帅勒克莱尔的名字命名，以纪念二战期间率领法国装2师解放巴黎的菲利普·勒克莱尔将军。勒克莱尔主战坦克装一门法军研制的120毫米滑膛炮，带自动装弹机。采用指挥仪式火控系统，可在1分钟内捕捉5个目标。动力装置为超高增压柴油机，采用全自动液力机械变速箱。采用液气悬挂装置。车体及炮塔的大部分装有组件式结构的复合装甲，顶部防护得到加强。有三防装置、自灭火装置、激光报警装置。全车采用了战场管理系统及数字式多路传输数据总线，提高了坦克的指挥和自动化水平。

武器档案

战斗全重：54.5吨
乘　　员：4人
车长（炮向前）：9.87米
车　　宽：3.71米
车高（至炮塔顶）：2.46米
主要武器：120毫米滑膛炮
辅助武器：1挺12.7毫米机枪
1挺7.62毫米机枪
弹药基数：120毫米：40发
7.62毫米：2000发
12.7毫米：800发
发动机功率：1100千瓦
最大速度：71千米/小时
最大行程：550千米
装甲防护：复合装甲

法国勒克莱尔主战坦克

勒克莱尔将军

原名菲利普·马里耶·雅克。毕业于圣西尔军校和高等军事学院。第二次世界大战初期任步兵上尉。1940年受伤被俘，后逃至英国，参加戴高乐领导的“自由法国”运动。同年8月前往非洲，化名勒克莱尔，先后任法属喀麦隆总督和法属赤道非洲“自由法国”部队司令。1941年率部自乍得北上，在沙漠中与意军作战。1943年1月进抵利比亚首都的黎波里，与英国第8集团军会师。同年参加突尼斯战役，组建法第2装甲师。1944年指挥该师参加诺曼底登陆战役，率先攻入巴黎，获“解放者”称号。

苏联T–54中型坦克

1949年装备部队，总生产量达5万辆。除原苏军外，使用该坦克的还有越南等国。该坦克参加过越南战争、中东战争和海湾战争。它是在T–44坦克基础上研制的，车体为焊接结构，炮塔是铸造的，外廓低矮，有较好的防弹外形。T–54A坦克装有火炮单向稳定器、高射机枪、驾驶员红外夜视仪等。

前苏联T–54中型坦克

T–54B坦克安装火炮双向稳定器和车长、炮长红外夜视仪等。T–54C坦克取消高射机枪，安装红外探照灯和潜渡装置等。其中T–54A坦克装备最多。该坦克使用可靠，但火炮俯角小，不能有效发挥火力。

武器档案

战斗全重：36吨
乘　　员：4人
车长（炮向前）：9毫米
车　　宽：3.27米
车高（至炮塔顶）：2.40米
发动机功率：372千瓦
弹药基数：100毫米：34发
7.62毫米：3000发
12.7毫米：500发
最大速度：50千米/小时
最大行程：400千米
主要武器：100毫米线膛炮
辅助武器：2挺7.62毫米机枪
1挺12.7毫米机枪
装甲防护：均质钢装甲

苏联T–64中型坦克

1970年装备部队，总生产量为6000辆，它是针对T–62在火力、机动性方面的不足而设计的。火炮、火控、动力装置、行动装置和装甲防护方面采用了新技术。125毫米火炮配用自动装弹机、三种

分装式炮弹。火控系统包括机电模拟式弹道计算机、体视式光学测距仪、主动红外瞄准镜等。动力装置采用水平对置活塞式水冷发动机。行动装置安装扭杆和筒式减振器。车体为装甲钢板焊接结构，前部采用新的装甲材料。车内有三防装置和自灭火装置。

前苏联T－64中型坦克

武器档案

战斗全重：38吨
乘　　员：3人
车长（炮向前）：9.1米
车　　宽：3.64米
车高（至炮塔顶）：2.2米
最大速度：70千米/小时
最大行程：450千米
弹药基数：125毫米：40发
7.62毫米：2000发
12.7毫米：300发
主要武器：125毫米滑膛炮
辅助武器：1挺7.62毫米机枪
1挺12.7毫米机枪
装甲防护：复合装甲、均质钢装甲

苏联T－72主战坦克

1974年装备苏联部队，总生产量为2万多辆。此外，使用该坦克的还有捷克、印度、伊拉克等国。该坦克参加了海湾战争。它是吸取了T－62等坦克的优点研制而成。火炮配有自动装弹机、三种分装式半可燃药筒弹。综合火控系统包括机电模拟式弹道计算机、体视式光学测距瞄准镜等。发动机为水冷多种燃料发动机，匹配双侧机械传动装置。车体为焊接结构，前上装甲板采用复合装甲，炮塔是铸造的。车内有三防装置和灭火装置。

武器档案

战斗全重：41吨
乘　　员：3 人
车长（炮向前）：9.445米
（炮向后）：9.275米
（车体长）：6.410米
车宽（带裙板）：3.520米
（不带裙板）：3.380米
车高（至炮塔顶）：2.190米
弹药基数
炮　　弹：39发
7.62毫米机枪弹：3000发
12.7毫米机枪弹：500发
穿甲弹初速：1800米/小时
射　　速：8发/分

苏联T－80主战坦克

1984年装备苏联部队，总生产量约7000辆。它是在T－64B坦克基础上研制的，保留了原武器系统，但加长了车体，采用新的动力装置和行动装置，改进了装甲防护。火炮配备自动装弹机，发射分装式炮弹和反坦克导弹。

综合火控系统包括弹道计算机、激光测距仪、双向稳定器、红外夜瞄装置等。

武器档案

战斗全重：43吨
乘　　员：3人
车长（炮向前）：9.9米
车　　宽：3.4米
车高（至炮塔顶）：2.3米
主要武器：125毫米两用炮
辅助武器：1挺7.62毫米机枪
　　　　　1挺12.7毫米机枪
弹药基数：125毫米：40发
7.62毫米：2000发
12.7毫米：300发
发动机功率：735千瓦
最大速度：75千米/小时
最大行程：400千米
装甲防护：均质装甲、复合装甲

罗马尼亚TR-77主战坦克

1977年在布加勒斯特国庆阅兵式上首次露面。该坦克是在苏联T-55坦克的基础上改进而成的，用于装备罗马尼亚军队。其主要改进之处：加长车体，每侧有6个负轮和2个托带轮；安装装甲裙板；采用新的441千瓦柴油机和新型悬挂装置；炮塔上安装1挺12.7毫米高射机枪；炮塔外面布置了一些弹药箱。在火力、机动性和防护力方面均有不同程度的提高。

罗马尼亚TR-77主战坦克

武器档案

战斗全重：40吨
乘　　员：4人
车长（炮和前）：9.25米
车　　宽：3.30米
车高（至炮塔顶）：2.40米
主要武器：100毫米线膛炮
发动机功率：441千瓦
最大速度：65千米/小时
最大行程：400千米
装甲防护：均质钢装甲

德国豹1主战坦克

德国于第二次世界大战后生产的第一代主战坦克，1965年正式装备联邦国防军，到1988年，共装备2437辆。还出口到澳大利亚、比利时、加拿大、丹麦、希腊、意大利、挪威、荷兰和土耳其等国。豹1坦克的生产总数达4744辆。

武器档案

型　　号：豹1A4
战斗全重：42.4吨
乘　　员：4人
车长（炮向前）：9.54米
车宽（不带裙板）：3.25米
车高（至炮塔顶）：2.39米
主要武器：105毫米线膛炮
辅助武器：2挺7.62毫米机枪
弹药基数：105毫米:60发
　　　　　7.62毫米:5500发
火控系统：扰动式
发动机功率：610千瓦
最大速度：65千米/小时
最大行程：600千米
装甲防护：钢装甲

早在二战期间，德国人就命名了“黑豹”(Panther)战斗坦克。Panther译为“黑豹”，还有一段小插曲。原来，国内专家最早将Panther译为“豹”，到了20世纪60年代末至70年代初期，德国又研制出“豹”(Leopard)式坦克(后称为“豹”1坦克)。这两种坦克总不能叫一个名字，为了避免混淆，业界又将二战时期的“豹”式改为“黑豹”坦克，得到认同。其实，查《简明大不列颠百科全书》的索引，Panther和Leopard竟然是一个解释——“豹”，为“与狮、虎等近缘的大型猫科动物”。进一步查《大美百科全书》，终于有了区分。Pan-ther为“豹类”，释义为“有时指某些大型的猫科动物，特别是变种黑豹。有时也指美洲豹和美洲虎”。而Leopard则为“花豹”，释义为“一种大型而有斑点的猫科动物，又叫金钱豹，常简称豹”。

德国豹1A4主战坦克

武器档案

战斗全重：55.15吨
乘　　员：4人
弹药基数：120毫米：42发
　　　　　7.62毫米：4750发
车长（炮向前）：9.61米
火控系统：指挥仪式
车宽（不带裙板）：3.42米
发动机功率：1100千瓦
车高（至炮塔顶）：2.48米
最大速度：72千米/小时
主要武器：120毫米滑膛炮
最大行程：550千米
辅助武器：2挺7.62毫米机枪
装甲防护：复合装甲

德国豹2主战坦克

德国陆军中现装备的最新式主战坦克，1979年10月正式装备联邦国防军。到1990年，德国陆军装备了2050辆豹2主战坦克。装备豹2坦克的还有荷兰（445辆）和瑞士（380辆）。豹2坦克是西方最早装120毫米滑膛炮的坦克，并有先进的综合火控系统，具有行进射击和夜间作战的能力。

德国豹2主战坦克

武器档案

战斗全重：45.5吨
乘　　员：4人
车长（炮向前）：9.222米
（炮向后）：8.114米
车 体 长：6.893米
车宽（带裙板）：3.510米
（不带裙板）：3.350米
车高（至炮塔顶）：2.450米
主要武器：105毫米/线膛
辅助武器：1挺7.62毫米机枪
弹药基数
炮　　弹：57发
机 枪 弹：5700发
穿甲弹初速：1490米/秒
射　　速：9发/分

意大利OF40主战坦克

意大利OF40主战坦克

意大利于第二次世界大战后自行设计的第一代坦克，专供出口。1980年制成首辆样车。自1981年起，向阿联酋出口36辆。OF40坦克的火控系统为稳像式，具有行进间对运动目标进行射击和夜间作战的能力。动力装置为多燃料、增压柴油机，有适应热带气候的恒温装置。采用均质钢装甲和间隙装甲，有侧裙板、三防装置、自动灭火装置。OF40坦克分Ⅰ型、Ⅱ型两种。变型车有OF40装甲抢救车、155毫米自行榴弹炮和76毫米自行高炮等。

日本74式主战坦克

日本在第二次世界大战后生产的第二代坦克，1974年起装备陆上自卫队，到1989年底，共装备约870辆。74式主战坦克的火控系统为扰动式，包括弹道计算机、激光测距仪、双向稳定器、红外夜瞄装置等。动力装置为二冲程、风冷柴油机。传动装置为行星式变速转向机。行动装置采用了液气悬挂装置，使车高可以升降，车体可以前后俯仰、左右倾斜。车内有三防装置和CO2自动灭火装置。74式主战坦克是日本现装备的主要战斗车辆。

日本74式主战坦克

武器档案

战斗全重：38吨
乘　　员：4人
车长（炮向前）：9.42米
车　　宽：3.18米
车高（至炮塔顶）：2.25米
主要武器：105毫米线膛炮
辅助武器：1挺7.62毫米机枪
　　　　　1挺12.7毫米机枪
弹药基数：105毫米：51发
　　　　　7.62毫米：4500发
　　　　　12.7毫米：600发
发动机功率：530千瓦
最大速度：53千米/小时
最大行程：300千米
装甲防护：均质钢装甲

日本90式主战坦克

日本在第二次世界大战后研制的第三代主战坦克，1990年定型，日本自卫队原计划采购600辆～800辆。采购单位高达850万美元。90式主战坦克采用日本特许生产的德国莱茵金属公司的120毫米滑膛炮，带自动装弹机，炮长瞄准镜内组装激光测距仪，并配有热像仪，具有行进间和夜间射击的能力。动力装置为二冲程、水冷、增压柴油机，采用带液力变矩器和静液转向机构的自变速箱，悬挂装置为液气扭杆混合式。主要部位采用复合装甲或间隔装甲。有三防装置、自灭火装置和激光探测报警装置。

武器档案

乘　　员：3人
车 全 长：约9.700米
车 体 长：约7.450米
车全宽(不带裙板)：约3.400米
车 全 高：2.300米
主要武器：120毫米/滑膛
并列武器：7.62毫米/74式/1挺
防空武器：12.7毫米/M2HB式/1挺
弹药基数：约40发
穿甲弹初速：1650米/秒以上
破甲弹初速：1200米/秒以上
射　　速：10发～11发/分

瑞典STRV103主战坦克

简称S坦克，1966年装备瑞典陆军，至1971年共装备了300辆，现仍在服役，但早已停止生产。S坦克的最大特征是无炮塔，炮固定安装在首上装甲板上，炮的瞄准是通过驾驶员操纵整车旋转或俯来实现。火炮带自动装弹机，三名乘员为车长、驾驶员兼炮长、机电员。发动机和传动装置前置，主动轮在前。采用燃气轮机和柴油机共同工作的复合动力装置，可调式液气悬挂装置可改变车体俯仰角及车底距地高。S坦克不能行进间射击，夜战能力较差。

瑞典 STRV103主战坦克

武器档案

战斗全重：39吨
乘　　员：3人
车长（炮向前）：8.98米
车　　宽：3.6米
车　　高：2.14米
主要武器：105毫米线膛炮
辅助武器：3挺7.62毫米机枪
弹药基数：105毫米：50发
　　　　　7.62毫米：2750发
发动机功率：535千瓦
最大速度：50千米/小时
最大行程：340千米
装甲防护：均质钢装甲

阿根廷TAM中型坦克

1979年装备阿根廷部队，共生产160辆。该坦克是德国设计，阿根廷特许生产的。它以德国“黄鼠狼”步兵战车底盘为基础，安装1门豹1坦克用的火炮，配用脱壳穿甲弹、空心装药破甲弹和榴弹。火控系统包括合像式光学测距仪、夜间瞄准镜等。动力装置为水增压柴油机，配用液力机械传动装置。行动装置采用扭杆悬挂装置和液压减振器。车体和炮塔为焊接结构动力传动装置前置起到部分装甲的作用。车尾安全门使乘员出入时不受正面火力的威胁，并便于补充弹药。车内装有三防装置和灭火装置。

阿根廷TAM中型坦克

武器档案

战斗全重：30.5吨
乘　　员：4人
车长（炮向前）：8.23米
车　　宽：3.12米
车高（至炮塔顶）：2.42米
主要武器：105毫米线膛炮
辅助武器：2挺7.62毫米机枪
弹药基数：105毫米：50发
　　　　　7.62毫米：6000发
发动机功率：530千瓦
最大速度：72千米/小时
最大行程：550千米
装甲防护：均质钢装甲

巴西奥索里奥主战坦克

巴西在20世纪90年代装备部队的主战坦克，计划生产500辆。该坦克安装法国的120毫米滑膛炮，配用尾翼稳定脱壳穿甲弹和空心装药破甲弹；采用指挥仪式火控系统，它包括弹道计算机、激光测距仪、独立稳定的瞄准镜、热成像夜视仪等，具有夜间作战能力。动力装置为德国的水冷废

气涡轮增压柴油机，配置LSG300型液力机械传动装置。行动装置采用英国的液气悬挂装置和德国的双销挂胶履带。车体和炮塔为钢装甲焊接结构，正面采用复合装甲，且倾斜角度大，抗弹性能好。炮塔内弹舱用滑动

武器档案

战斗全重：43.7吨
乘　　员：4人
车长（炮向前）：10.10米
车　　宽：3.26米
车高（至炮塔顶）：2.37米
发动机功率：765千瓦
最大速度：70千米/小时
最大行程：550千米
弹药基数：120毫米：38发
　　　　　7.62毫米：3000发
　　　　　12.7毫米：900发
主要武器：120毫米滑膛炮
辅助武器：1挺12.7毫米机枪
　　　　　2挺7.62毫米机枪
装甲防护：合装甲、均质装甲

式装甲门将弹药与乘员隔开，其顶部装有弹药爆炸波排放板。车内装有三防装置、自动灭火抑爆装置和激光威胁报警装置。

印度阿琼主战坦克

武器档案

战斗全重：52吨
乘　　员：4人
主要武器：120毫米线膛炮
发动机功率：1100千瓦
最大速度：70千米/小时
装甲防护：复合装甲、
　　　　　均质装甲

印度于20世纪90年代装备部队的新型主战坦克，计划生产1500辆。该坦克安装120毫米线膛炮，配用尾翼稳定脱壳穿甲弹、空心装药破甲弹、榴弹、碎甲弹和烟幕弹。火控系统包括带热成像仪和激光测距仪的昼夜合一瞄准镜、弹道计算机和各种传感器等，具有夜间作战能力。车内安装三防装置和自动灭火抑爆装置。

"阿琼"主战坦克是印度自行研发和制造的第三代坦克。起初命名为MBT 80，后以印度教神话中战神的名字改称为"阿琼"。

印度阿琼主战坦克

瑞士PZ61主战坦克

瑞士自行研制的第一代坦克，1961年定型。到1966年，共生产150辆，装备瑞士机械化师。PZ61坦克的火控系统较简单，包括炮长瞄准镜、合像式测距仪、电液炮控装置等，无夜间作战能力。动力装置除一台主发动机外，还有一台23千瓦的辅助柴油机。采用均质钢装甲，有三防装置、烟幕弹发射器。

武器档案

战斗全重：38吨
乘　　员：4人
车长（炮向前）9.43米
车　　宽：3.08米
车高（至指挥塔顶）：2.72米
主要武器：105毫米线膛炮
辅助武器：1门20毫米机关炮
　　　　　1挺7.5毫米机枪
弹药基数：105毫米：52发
　　　　　20毫米：240发
　　　　　7.5毫米：3200发
发动机功率：465千瓦
最大速度：55千米/小时
最大行程：300千米
装甲防护：均质钢装甲

瑞士PZ68主战坦克

瑞士在PZ61坦克基础上生产的改进型车辆，1968年定型，1971年起装备瑞士机械化师，装备总数为390辆。PZ68坦克的炮控系统与PZ61坦克的相同，但安装了火炮双向稳定器。动力装置除一台主发动机外，另有一台26千瓦的辅助柴油机。采用均质钢装甲。有三防装置、烟幕弹发射器。

瑞士PZ68主战坦克

武器档案

战斗全重：39.7吨
乘　　员：4人
车长（炮向前）：9.45米
车　　宽：3.14米
车高（至指挥塔顶）：2.75米
主要武器：105毫米线膛炮
辅助武器：2挺7.5毫米机枪
弹药基数：105毫米：52发
　　　　　7.5毫米：5200发
发动机功率：490千瓦
最大速度：55千米/小时
最大行程：350千米
装甲防护：均质钢装甲

以色列梅卡瓦3型主战坦克

武器档案

战斗全重：61吨
乘　　员：4人
车长（炮向前）：8.78米
车　　宽：2.70米
车高（至炮塔顶）：2.64米
发动机功率：895千瓦
最大速度：55千米/小时
最大行程：500千米
弹药基数：120毫米：50发
　　　　　7.62毫米：10000发
主要武器：120毫米滑膛炮
辅助武器：3挺7.62毫米机枪
　　　　　1门60毫米迫击炮
装甲防护：模块式特种装甲

梅卡1型和2型坦克的改进型，1990年装备以色列陆军。梅卡瓦3型比1型和2型坦克有重大的改进，主要改进有：①装一门以色列研制的120毫米滑膛炮，弹药基数略有减少；②发动机功率增大；③采用模块式结构的特种装甲，具有可更换性，有发展潜力；④全电式炮塔驱动装置；⑤增装威胁探测报警装置，能探测到广波谱的电磁波，并报警及采取相应对抗措施。梅卡瓦3型主战坦克是一种生存力更强的新式坦克。

以色列梅卡瓦3型主战坦克

以色列梅卡瓦MK1主战坦克

武器档案

战斗全重：63吨
乘　　员：4 人+载员8人
车　　长：7.60米/8.78米（炮向前）
车　　宽：3.71米
车　　高：2.64米
火　　炮：1门 MG251型120毫米滑膛炮，
弹药基数：50发
主要武器：1门60毫米迫击炮，备弹12发
并列武器：1门7.62毫米M60E2机枪，3挺FN7.62毫米机枪，备弹2000发
最大速度：55千米/小时
最大行程：500千米
装甲防护：模块装甲

梅卡瓦1型主战坦克为以色列研制的主战坦克，1979年开始装备。以军装备的各型梅卡瓦坦克约500辆。装备105毫米线膛火炮，全重63吨，是当时世界上最重的主战坦克，也是当时世界上防护能力最强的主战坦克。

以色列梅卡瓦MK1主战坦克

南非号角主战坦克

“号角”坦克是南非在英国“百人队长”式坦克基础上改进而成的，20世纪80年代末研制成功，有“号角”1 A和“号角”1 B两种型号，装备南非自制的105毫米线膛炮，战斗全重56吨，最大时速58千米/小时，采用复合装甲，底部安装了附加装甲，具有很强的防地雷能力。“号角”坦克的炮塔尾舱很大，不但可多带弹药，还能用来储水，甚至可以当作澡盆来用。有人认为这是多余的累赘，可事实上，这种人性化很强的设计在特定环境条件下，对保持战斗力是十分有益的。

武器档案

战斗全重：56吨
乘　　员：4人
发动机功率：690千瓦
最大速度：58千米/小时
弹药基数：105毫米：68发
主要武器：105毫米线膛炮
辅助武器：2挺7.62毫米机枪
装甲防护：均质装甲、复合装甲

无坚不摧的坦克固然是威风八面，可要驾驶它却并不是件轻松的事情。坦克内部空间非常狭小，乘员连手脚都很难伸展开，而且又闷又热，若长时间呆在里面，还真得有些吃苦精神和顽强毅力才行。这时，如果能在安全的坦克里洗上一个热水澡，就太好了。南非的“号角”坦克就能满足乘员的这个需要。

中国59式中型坦克

中国生产的第一种国产坦克，20世纪50年代末开始装备中国人民解放军，是解放军装甲兵部队的主要装备，还出口到10多个国家。59式中型坦克的火控系统较简单，包括有：高低向火

中国59—1式中型坦克

武器档案

型　　号：59-1式
战斗全重：36.3吨
乘　　员：4人
车长(炮向前)：9.239米
车宽(带裙板)：3.320米
车高(至炮塔顶)：2.218米
单位功率：10.5千瓦/吨
最大速度：50千米/小时
最大行程：540千米
主要武器：100毫米线膛坦克炮
辅助武器：12.7毫米高射机枪
7.62毫米并列机枪
7.62毫米航向机枪
弹药基数：100毫米炮弹34发
12.7毫米机枪弹500发
7.62毫米机枪弹3000发
装甲类型：炮塔钢铸造装甲
车体钢装甲板

武器档案

型　　号：59–2式
战斗全重：36.2吨
乘　　员：4人
车长(炮向前)：9.235米
车宽(带裙板)：3.270米
车高(至炮塔顶)：2.218米
单位功率：10.6千瓦/吨
单位压力：79.6千帕
最大速度：50千米/小时
最大行程：540千米
主要武器：105毫米线膛坦克炮
辅助武器：12.7毫米高射机枪
7.62毫米并列机枪
7.62毫米航向机枪
弹药基数：105毫米炮弹38发
12.7毫米机枪弹500发
7.62毫米机枪弹3000发
装甲类型：炮塔钢铸造装甲车体钢装甲板

中国59—2式中型坦克

炮稳定器、炮塔电传动装置及各种观察、瞄准仪器等。车内有半自动灭火装置、驾驶员用红外夜视仪。

中国69–2式中型坦克

中国自行研制的一种主战坦克，是69式系列中型坦克的一种，20世纪80年代初设计定型。69–2式坦克有自动装置火控系统，包括弹道计算机、激光测距仪、炮长瞄准镜及双向稳定器4个部分，有夜间作战能力。防护系统除装甲防护外，还包括自动灭火装置、三防装置、热烟幕装置，车体两侧有侧裙板。

69–2式坦克有三种型号：A型为战斗坦克；B型和C型都是指挥坦克，装有两部电台，提高了指挥和通信能力。各型坦克的战斗全重略有不同。

武器档案

战斗全重：36.5吨～37吨
乘　　员：4人
车长（炮向前）：8.675米
车　　宽：3.27米
车高（至炮塔顶）：2.40米
主要武器：100毫米线膛炮
辅助武器：2挺7.62毫米机枪
弹药基数：100毫米：44发
7.62毫米：3000发
12.7毫米：500发
发动机功率：426千瓦
最大速度：50千米/小时
最大行程：440千米
装甲防护：均质钢装甲

第五章

步兵的羽翼——装甲车

Bubing De Yuyi Zhuangjiache

装甲车是装甲汽车、装甲输送车，步兵战车等的统称，它是装有武器和拥有防护装甲的一种军用车辆，按行走机构可分为履带式装甲车和轮式装甲车。装甲车是坦克、步兵战车、装甲人员输送车、装甲侦察车、装甲工程保障车辆及各种带装甲的自行武器的统称。

步兵战车

步兵战车是供步兵机动作战用的装甲战斗车辆，在火力、防护力和机动性等方面都优于装甲人员输送车，并且车上设有射击孔，步兵能乘车射击。步兵战车主要用于协同坦克作战，其任务是快速机动步兵分队，消灭敌方轻型装甲车辆、步兵、反坦克火力点、有生力量和低空飞行目标。

日本89式步兵战车

1984年制成样车，1990年装备日本陆上自卫队，计划装备300辆。车体为铝合金焊接结构。双人炮塔前面装有1门自动机关炮和1挺并列机枪，两侧各安装1具反坦克导弹发射架和3具烟幕弹发射器。载员舱两侧各有3个球形射击孔。机关炮的射速为200发/分，导弹用激光制导。夜间观瞄仪器采用微光电视。发动机为水冷增压柴油机。行动装置采用扭杆式悬挂装置。炮塔采用夹层装甲，车体两侧装有5毫米厚的侧裙板。车内配备三防装置。该车不具备浮渡能力。该车由日本三菱重工业公司、日本制钢所生产。

武器档案

战斗全重：25吧
乘　　员：3人
载　　员：6人
车　　长：6.7米
车　　宽：3.2米
车　　高：2.5米
主要武器：35毫米机关炮
辅助武器：1挺7.62毫米机枪，2具反坦克导弹发射架
发动机功率：441.18千瓦
最大速度：70千米/小时
装甲防护：铝合金、夹层装甲

英国“暴风”步兵战车

1982年开始生产，1983年装备马来西亚陆军，共25辆，另有3辆供美军使用。该车许多部件利用了英国“蝎”式坦克部件。动力传动前置，车内前部为驾驶-动力部分，后部为载员室，车后有尾门，车体两侧有射击孔。推进系统包括涡轮增压柴油机、半自动变速箱、扭杆式悬挂装置等。车体为铝合金全焊接结构，可挂装附加装甲。

英国"暴风"步兵战车

武器档案

战斗全重：12.7吨
乘　　员：3人
载　　员：8人
车　　长：5.69米
车　　宽：2.4米
车高(至机枪塔顶)：2.27米
主要武器：1挺7.62毫米机枪
发动机功率：186.3千瓦
最大速度：公路 80千米/小时，水上9.6千米/小时(履带划水)
最大行程：650千米
装甲防护：铝合金装甲

瑞士"旋风"步兵战车

1980年成样车，目前尚未正式投产。车体为钢装甲焊接结构，正面为间隔装甲。炮塔上装有机关炮和并列机枪。载员舱两侧各有2个球座射击孔。车后设有液压操纵的跳板式尾门。发动机为美国底特律公司V-8 71T涡轮增压柴油机，与液力机械传动装置、冷却系统安装在一起，便于拆装更换。行动装置采用扭杆悬挂、液压减振器、挂胶履带。车体正面可防23毫米炮弹，两侧可防14.5毫米枪弹。车内装有三防装置和自动灭火装置。

瑞士"旋风"步兵战车

武器档案

战斗全重：22.3吨
乘　　员：3人
载　　员：7人
车　　长：6.7米
车　　宽：3.15米
车　　高：1.75米
主要武器：25毫米机关炮
弹药基数：800发
发动机功率：291千瓦
最大速度：66千米/小时
最大行程：400千米
装甲防护：钢装甲

韩国KIFV步兵战车

1985年装备部队，共100多辆。该车是韩国在引进美国、英国、联邦德国等国技术的基础上设计而成的。车体结构类似于美国FMC公司的AITFV装甲步兵战车。车体为铝装甲焊接结构，外面有用螺栓固定的

小乐园

射击孔：装甲车上开的小孔，是里面步兵向外射击的小窗户。

武器档案

战斗全重：12.9吨
乘　　员：3人
载　　员：7人
车　　长：5.486米
车　　宽：2.846米
车高（至机枪防盾）：2.518米
主要武器：1挺12.7毫米机枪
辅助武器：1挺7.62毫米机枪
弹药基数：30毫米228发
发动机功率：206千瓦
最大速度：74千米/小时
水上速度：6千米/小时
最大行程：480千米
装甲防护：铝合甲、夹层装甲

间层装甲，间层装甲中的泡沫填充物增加了车辆在水中的浮力。车体前装甲板上安装有防浪板。防浪板上方有一排烟幕弹发射器。指挥塔和车长位置各安装1挺机枪。车内装有三防装置。

韩国KIFV步兵战车

装甲输送车

设有承载室的轻型装甲车辆。主要用于战场上输送步兵，也可输送物资器材。具有高度机动性、一定防护力和火力，必要时，可用于战斗。分履带式和轮式2种。

比利时“眼镜蛇”装甲输送车

1985年开始生产，主要装备比利时机械化步兵营。车体为钢装甲焊接结构，机枪塔上装1挺机枪，载员舱顶上有1扇朝后开启的门，后部有1扇尾门。行动装置采用独立式螺旋弹簧悬挂和液压减振器。车上装有喷水推进器和防浪板。前装甲板只能防7.62毫米机枪弹。车内装有三防装置和自动灭火装置，机枪塔两侧各有3具烟幕弹发射器。

武器档案

战斗全重：8.5吨
乘　　员：2人
载　　员：10人
车　　长：4.25米
车　　宽：2.75米
车高(至炮塔顶)：2.4米
主要武器：1挺12.7毫米机枪
辅助武器：1挺7.62毫米机枪
发动机功率：140千瓦
最大速度：75千米/小时
水上速度 10千米/小时
装甲防护：钢装甲

日本60式装甲输送车

1960年装备部队，从20世纪70年代到80年代中期一直是自卫队主要的装甲输送车。车体为钢装甲焊接结构，车体顶部右侧安装1挺机枪，并有屏蔽装甲保护机枪手。车体内前部左侧装有1挺机枪和1具潜望式瞄准镜。载员舱顶部有1扇向前开启的舱门，其后有2扇向两边开启的舱门，以提供装甲防护。行动装置采用扭杆悬挂装置、液压减振器。该车由三菱重工业公司生产。

日本60式装甲输送车

武器档案

战斗全重：11.8吨
乘　　员：4人
载　　员：6人
车　　长：4.85米
车　　宽：2.4米
车高(至机枪顶)：2.31米
主要武器：1挺12.7 毫米机枪
辅助武器：1挺7.62毫米机枪
发动机功率：161.7千瓦
最大速度：45千米/小时
最大行程：230千米
装甲防护：均质钢装甲

M113装甲输送车

M113装甲输送车于1960年正式装备美国陆军。M113输送车族曾是美陆军和海军陆战队的输送车中的主要车型。主要用于输送兵员、武器装备和参加其他特殊任务，具有突击、登陆作战和配合主战坦克作战的能力。

M113装甲输送车

武器档案

战斗全重：12.47吨
车　　长：5.3米
车　　宽：2.686米
车高（车顶/车体）：
2.52/1.85米
最大公路时速/行程：
64千米/360千米
最大水上时速：50.8千米
发动机功率：202千瓦
主要武器：1.27毫米机枪×1
装甲厚度：12毫米～38毫米

装甲侦察车

装有侦察设备的装甲战斗车辆。主要用于实施战术侦察。分履带式和轮式2种。现代装甲侦察车装有多种侦察仪器和设备。装甲侦察车的外廓尺寸小、重量轻、速度快。战斗全重6吨～16吨，个别的达28吨，乘员3人～5人。车上通常装有20毫米～30毫米机关炮和7.62毫米机枪，有些车装有76毫米～105毫米火炮或14.5毫米机枪。

英国蝎式装甲侦察车

1972年起装备英国陆军，此外还出口到比利时、伊朗、沙特、马来西亚、泰国、科威特、阿曼、新西兰等国，总生产量达3000辆。在战斗中担任中距离和近距离侦察、巡逻、警戒和护卫等任务。

英国蝎式装甲侦察车

武器档案

战斗全重：7.96吨
乘　　员：3人
车长（炮向前）：4.79米
车　　宽：2.395米
车高（至炮塔顶）：2.102米
火炮口径/类型：76毫米/线膛
辅助武器：1挺7.62毫米机枪
弹药基数：76毫米：40发
7.62毫米：3000发
发动机功率：142千瓦
最大速度：80.5千米/小时
最大行程：644千米
装甲防护：铝合金装甲

“大山猫”装甲侦察车

“大山猫”是南非陆军主要用于执行战斗侦察任务的轮式装甲侦察车。该车战斗全重28吨，乘员4人。主要武器是1门76毫米线膛炮，可发射尾翼稳定脱壳穿甲弹、破甲弹、杀伤爆破弹、烟幕弹等。弹药基数49发。辅助武器有1挺7.62毫米并列机枪和1挺7.62毫米高射机枪，弹药基数为3600发，可用于攻击地面目标和空中目标。

“大山猫”装甲侦察车

武器档案

战斗全重：28吨
乘　　员：3人
车长（炮向前）：8.2米
车　　宽：2.9米
车高（至炮塔顶）：2.5米
火炮口径：76毫米
辅助武器：7.62毫米机枪×2
最大速度：120千米/小时
最大行程：1000千米
发动机功率：420千瓦

第六章

蓝天之王——军用飞机

Lantian Zhi Wang Junyong Feiji

军用飞机可以分为作战飞机和作战支援飞机两大类，它们主要用于制空、对地攻击、海上作战、空运、预警、电子干扰、侦察、空中加油、通信联络等。由于军用飞机在战争中起到的作用越来越大，所以人们把现代战争称为“立体化战争”。

空中神鹰——战斗机

战斗机是指主要用于保护我方运用空权以及摧毁敌人使用空权之能力的军用机种。特点是飞行性能优良、机动灵活、火力强大。现代的先进战斗机多配备各种搜索、瞄准火控设备，能全天候攻击所有空中目标。

美国P-38“闪电”战斗机

美国P—38“闪电”战斗机

美国P-38“闪电”战斗机是第二次世界大战中一种性能较好的高空高速活塞式战斗机，1941年装备部队，生产总数近10000架。

1943年4月，日本曾指挥偷袭珍珠港的山本五十六海军大将的坐机就是被这种飞机击落的。最大飞行速度667千米／小时，航程2000千米。可装1门20毫米航炮和4挺12.7毫米机枪，载弹量1450千克。

武器档案

机　　长：11.6米
机　　高：3米
翼　　展：15.9米
最大速度：667千米/小时
航程：2000米
主要武器：1门20毫米航炮
4挺12.7毫米机枪

小乐园

作战支援飞机：不直接参加战斗，却能进行运输、侦察活动的军用飞机。
机种：指飞机的种类。不同飞机的类型名字不同，归类也不同。

美国P-47“雷电”战斗机

美国P-47“雷电”战斗机

美国P-47“雷电”(THUNDERBOLT)战斗机是第二次世界大战后期的一种性能较好的重型截击机。1941年装备部队，共生产近16000架，是美国生产最多的一种战斗机。最大平飞速度679千米／小时，航程1200千米。机上装8挺机枪，可带1130千克炸弹。

武器档案

机　　长：11.0米
机　　高：4.44米
翼　　展：12.98米
最大速度：679千米/小时
航程：1200千米

美国P-61“黑寡妇”战斗机

美国P-61“黑寡妇”是一种双尾撑活塞式的夜间战斗机。机头装有截击雷达。1944年装备部队。最大平飞速度590千米／小时，航程2000千米。机上可装4门20毫米航炮和4挺机枪，挂弹量2900千米。

P-61全身被涂成了黑色，而且行动特点又是昼伏夜出，加上强大的攻击力，这些特点正如同美国西南部丛林中栖息着的一种全身黑色、腹部有两块三角形橙色色斑的“黑寡妇”毒蜘蛛。所以，军方众口一词地将P-61命名为“黑寡妇”。

美国P-61“黑寡妇”战斗机

武器档案

机　　长：20.2米
机　　高：4.47米
翼　　展：20.2米
最大速度：590千米/小时
航　　程：2000千米
主要武器：4门20毫米航炮4挺机枪

美国P-51“野马”战斗机

美国P-51“野马”战斗机是第二次世界大战期间美国性能最好的一种战斗机，有多种改型，共生产15000余架，1942年装备部队。

在欧洲战场击落对方飞机4900多架，摧毁地面飞机4000多架，自己损失2500架，在朝鲜战争中还参加过作战。最大平飞速度700千米/小时，航程1530千米。机上装6挺12.7毫米的机枪，还可外挂炸弹和火箭弹。

美国P—51“野马”战斗机

武器档案

机　　长：10.2米
机　　高：11.3米
翼　　展：12.47米
最大速度：700千米/小时
航　　程：1530千米
主要武器：6挺12.7毫米机枪

美国F4U“海盗”战斗机

武器档案

机　　长：10.16米
机　　高：4.6米
翼　　展：12.47米
最大速度：670千米/小时
航　　程：1635千米
主要武器：6挺12.7毫米机枪

美国F4U“海盗”战斗机

美国F4U“海盗”战斗机是第二次世界大战后期美海军的一种主力战斗机。英国及新西兰都曾经使用它对日本作战。最大平飞速度670千米／小时，航程1635千米。机上装6挺机枪。

英国“喷火”战斗机

武器档案

机　　长：9.54米
机　　高：3.57米
翼　　展：11.23米
最大速度：570千米/小时
航　　程：805千米

英国“喷火”战斗机是第二次世界大战期间一种主要的战斗机，约有40种改型，共生产20350架，在1940年抗击德国轰炸伦敦时发挥过很大作用。最大平飞速度570千米／小时，航程805千米。机上装8挺机枪。

英国“海怒”战斗机

英国“海怒”战斗机是英海军最后一种舰载活塞式战斗机，有战斗轰炸机型。1947年装备部队，曾参加过朝鲜战争。最大平飞速度740千米／小时，航程1130千米。机上装4门20毫米航炮，载弹量910千克。

英国“海怒”战斗机

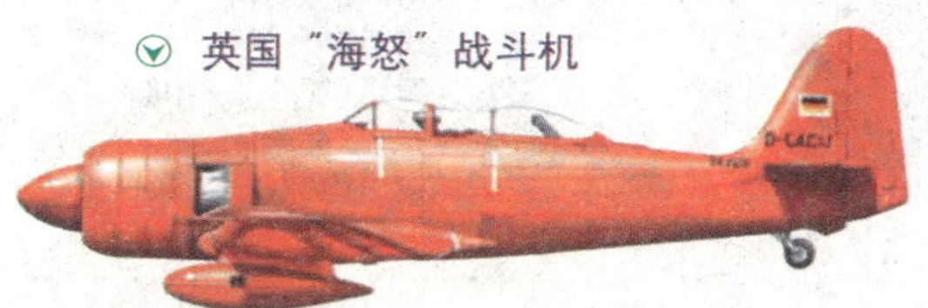

武器档案

机　　长：10.60米
机　　高：4.90米
翼　　展：11.70米
最大速度：740千米/小时
航　　程：1130千米
主要武器：4门20毫米航炮

德国Me.Bf.109战斗机

武器档案

机　　长：9.07米
机　　高：2.5米
翼　　展：9.92米
最大速度：550千米/小时
航　　程：660千米
主要武器：2挺机枪
2门20毫米航炮

德国Me. Bf. 109战斗机是第二次世界大战期间德国的主力战斗机。有多种改型，共生产约35000架。曾经参加1936年的西班牙内战。最大平飞速度550千米／小时，航程660千米。机上装2挺机枪和2门20毫米航炮。

德国Me.262战斗机

武器档案

机　　长：10.6米
翼　　展：12.5米
最大速度：870千米/小时
航　　程：1050千米
主要武器：4门30毫米航炮

德国Me.262战斗机是世界上第一种实用的喷气式战斗机。1944年装备部队，共生产1433架，在第二次世界大战后期用来截击美、英轰炸机，未能产生显著的战果。最大飞行速度870千米／小时，航程1050千米。机上装4门30毫米航炮。

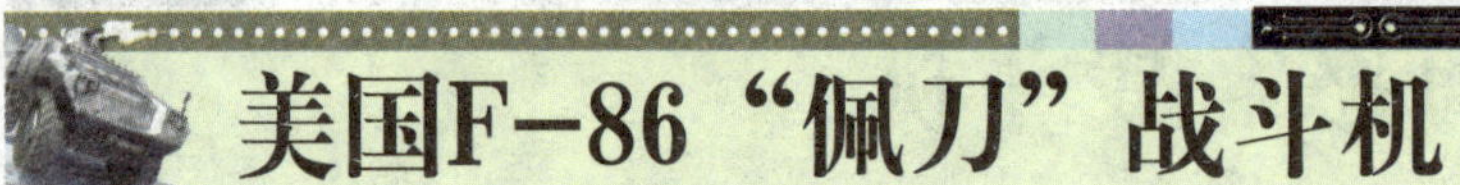

美国F-86“佩刀”战斗机

武器档案

机　　长：11.45米
机　　高：4.50米
翼　　展：11.90米
最大速度：960千米/小时
作战半径：745千米
主要武器：6挺12.7毫米机枪

美国F-86"佩刀"战斗机是西方国家使用最多的一种喷气式战斗机，有10多种改型，海军型称FJ-2，生产总数超过1万架。1943年开始装备部队，是美国空军在朝鲜战争中的主力战斗机。最大平飞速度960千米/小时，作战半径745千米。机上装6挺12.7毫米机枪，可挂2枚45千克的炸弹或8枚～16枚火箭。

美国F-104"星"式战斗机

美国F-104"星"式战斗机，设计时主要拟用于空战，1958年开始装备部队，但美国空军未大量购置，后改为多用途战斗机被西欧一些国家广泛采用。最大速度马赫数2.0，作战半径370千米～1100千米，机上装1门M61式20毫米航炮，可挂装2枚空对空导弹和各种空对地武器。

美国F-4"鬼怪"战斗机

美国F-4"鬼怪"战斗机是美国20世纪60年代以来生产最多的战斗机，总数超过5000架，出口10多个国家和地区。原是双座舰载战斗机，后改为美国空、海军通用战斗机，在越南战争中发挥过很大作用。最大平飞速度马赫数2.0，作战半径800千米～1000千米。可挂装8枚空对空导弹或各种空对地武器，最大载弹量7250千克，有的型号机头下装1门20毫米6管航炮。

武器档案

机　　长：19.20米
机　　高：5.02米
翼　　展：11.77米
作战半径：800千米～1000千米
主要武器：1门20毫米6管航炮

美国F-15“鹰”式战斗机

美国F－15“鹰”(EAGLE) 式战斗机是世界上第一种典型的第三代喷气式战斗机。1975年开始装备部队，并出口日本、沙特阿拉伯等国家。在1991年的海湾战争中，主要担负争夺制空权和护航任务，曾击落多架伊拉克飞机。

最大平飞速度马赫数2.3，作战半径1200千米。机上装1门M61式20毫米6管航炮，可挂装各种空对空和空对地武器，最大载弹量约10000千克。

武器档案

机　　长：19.45米
机　　高：5.65米
翼　　展：13.05米
最大平飞速度：M2.3
作战半径：1200千米
主要武器：1门M6120毫米6管航炮

美国F-14“雄猫”战斗机

美国F-14“雄猫”战斗机

美国F－14“雄猫”战斗机是一种双座、双发、变后掠翼重型舰载战斗机，具有远距攻击和同时攻击多达6个空中目标的能力。1972年开始装备部队，曾多次参加局部空中冲突实战，战果甚好。

最大平飞速度马赫数1.90，作战半径720千米。机上装1门M61式20毫米6管航炮，可挂装8枚空对空导弹或各种空对地武器，最大载弹量约6600千克。

武器档案

机　　长：19.1米
机　　高：4.88米
翼　　展：19.5米
最大速度：M1.90
作战半径：720千米
主要武器：1门20毫米6管航炮

F-14以及它的海军飞行员曾经是1986年影片《壮志凌云》中的主角。汤姆·克鲁斯在剧中饰演了性情火暴的飞行员马威力克，他在美国海军位于加利福尼亚洲密拉马的精英飞行学校接受的飞行训练。前F-14武器官、美国太平洋总部司令亚当·威廉·法伦表示，《壮志凌云》提高了“雄猫”的声望。他说：“那些潜在的敌人只要听说‘雄猫’在附近，就会望风而逃。”

美国F-16“战隼”战斗机

美国F—16“战隼”战斗机

美国F-16“战隼”(FIGHTING FALCON)战斗机是美国空军现役主力轻型战斗机，并向多个国家出口，其生产总数将超过4000架。1978年开始装备部队，在1991年的海湾战斗中，有百余架F-16承担对地攻击任务。

最大平飞速度马赫数2.0，作战半径为550千米～925千米。机上装1门M61式20毫米6管航炮，可挂装4枚空对空导弹或各处空对地武器，最大载弹量超过5000千克。

武器档案

机　　长：15米
机　　高：5米
翼　　展：10米
最大速度：M2.0
作战半径：550千米～925千米
主要武器：1门20毫米6管航炮

美国F-20“虎鲨”战斗机

武器档案

机　　长：14.7米
机　　高：4.22米
翼　　展：8.12米
最大速度：M2.0
作战半径：1000千米
主要武器：2门20毫米航炮

美国F-20“虎鲨”战斗机是在F-5战斗机的基础上研制的一种多用途飞机。1982年首次试飞，最大平飞速度马赫数2.0，作战半径约1000千米。机上装2门M39式20毫米航炮，可外挂6枚空对空导弹或各种空对地武器，最大挂弹量约4000千克。

军事武器百科

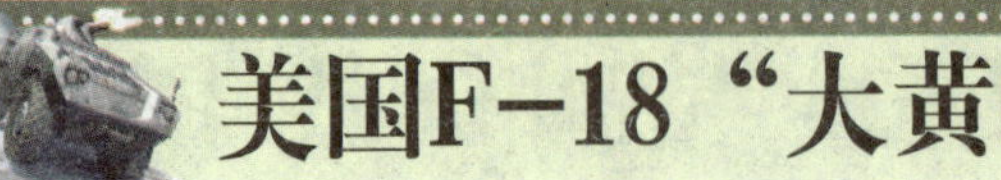

美国F-18“大黄蜂”战斗机

美国F-18“大黄蜂”战斗机是一种舰载战斗机，主要用于舰队防空，也可实施对地攻击。1983年开始装备部队，在1991年的海湾战争中，主要执行对地攻击任务，至少损失30架。在空中曾击落过伊拉克的战斗机。最大平飞速度马赫数1.8，作战半径740千米～1070千米。机上装1门M61式20毫米6管航炮，可挂4枚空对空导弹和各种空对地武器。

武器档案

机　　长：17.07米
机　　高：4.66米
翼　　展：11.43米
最大速度：M1.8
作战半径：740千米～1070千米
主要武器：1门20毫米6管航炮

苏联米格-15“柴捆”战斗机

苏联米格-15“柴捆”战斗机是20世纪50年代最著名的喷气式战斗机之一，出口很多国家，有多种改型，如米格-15比斯，各型共生产16500多架，朝鲜战争时曾发挥很大作用。1948年开始装备部队，1954年停产。最大速度1070千米/小时，作战半径300千米。机身装有1门37毫米航炮和2门23毫米航炮。翼下挂架可挂2枚100千克的炸弹。

武器档案

机　　长：10.1米
机　　高：3.7米
翼　　展：10.08米
最大速度：1070千米/小时
作战半径：300千米
主要武器：1门37毫米航炮
2门23毫米航炮

苏联米格-21“鱼窝”战斗机

武器档案

机　　长：15.4米
机　　高：4.13米
翼　　展：7.15米
最大速度：M2.1
作战半径：300千米
主要武器：
1门23毫米双管航炮

苏联米格-21“鱼窝”(FISHBED)战斗机，世界上有30多个国家装备这种飞机，共20多种改型，其生产总数超过6000架。最大速度马赫数2.1，作战半径300千米。较新型号在机上装1门23毫米双管航炮，可挂装4枚空对空导弹，也可挂装1000千克炸弹。

苏联米格—21“鱼窝”战斗机

苏联米格-29“支点”战斗机

苏联米格-29“支点”战斗机是一种第三代喷气式战斗机。1983年开始装备部队，并陆续出口到印度、叙利亚等国。1988年参加英国航空展览，首次公开演示其优良机动性能。最大平飞速度马赫数2.3，作战半径约500千米。机上装1门30毫米航炮，可挂装6枚空对空导弹或各种空对地武器。

苏联米格-29“支点”战斗机

武器档案

机　　长：17.32米
机　　高：4.73米
翼　　展：11.36米
最大速度：M2.3
作战半径：500千米
主要武器：
1门30毫米航炮

苏联米格-25“狐蝠”战斗机

苏联米格-25“狐蝠”战斗机是目前世界上速度最快的战斗机，有高空侦察型，已出口印度、利比亚等国，曾多次打破多项飞行速度及高度的世界纪录。1969年开始装备部队。作战最大速度马赫数2.8，作战半径1300千米。机上无航炮，可挂装4枚空对空导弹。

武器档案

机　　长：21.55米
机　　高：5.7米
翼　　展：13.42米
最大速度：M2.8
作战半径：1300千米
主要武器：机上无航炮，4枚空对空导弹

苏联米格-23“鞭挞者”战斗机

苏联米格-23“鞭挞者”战斗机是一种变后掠翼多用途战斗机，其生产总数达4000架。1970年开始装备部队，出口许多国家，曾在中东地区多次参加局部冲突作战。最大平飞速度马赫数2.35，作战半径1160千米。机上装1门23毫米双管炮，可挂装4枚空对空导弹或2000千克空对地武器。

武器档案

机　　长：15.88米
机　　高：4.82米
翼　　展：14.0米
最大速度：M2.35
作战半径：1160千米
主要武器：1门23毫米双管炮

法国“幻影”F.1战斗机

法国“幻影”F. 1战斗机是“幻影”系列中唯一不采用三角翼布局的飞机，起降性能有很大改进。1973年开始装备部队，并向10余个国家出口。最大速度马赫数

2.2，作战半径630千米～1080千米。机上装2门30毫米航炮，4枚空对空导弹，对地攻击的最大载弹量为4000千克。

武器档案

机　　长：14.36米
机　　高：5.20米
翼　　展：9.13米
最大速度：M2.2
作战半径：
700千米～1400千米
主要武器：2门30毫米航炮

法国"幻影"F.1战斗机

法国"幻影"2000战斗机

法国"幻影"2000战斗机是法军的第三代喷气式的战斗机，主要用于制空作战，也可执行对地攻击任务。1983年开始装备部队，并向印度等国家出口。最大平飞速度马赫数2.2，作战半径700千米～1400千米。机上装2门"德发"30毫米航炮，可挂装4枚空对空导弹和各种空对地攻击武器，最大载弹量6300千克。

法国空战片《空中决战》

法国人以其特有的智慧与表现方式，呈现了一部优美、真实、刺激的空战影片。不仅有大量精彩纷呈的"劫机"与"反劫机"的空中较量，更有法国现役最先进战斗机"幻影"2000风姿与性能的空前展示。

武器档案

机　　长：15.3米
机　　高：4.5米
翼　　展：8.4米
最大速度：M2.2
作战半径：630千米～1080千米
主要武器：2门30毫米航炮

法国"阵风"战斗机

武器档案

机　　长：15.27米
机　　高：5.34米
翼　　展：10.80米
最大速度：M2
作战半径：1100千米
主要武器：1门新型航炮

法国“阵风”战斗机是法国正在研制的一种最新型战斗机，计划于1996年后开始装备部队，分空军和海军型。该机采用较多新技术，性能先进，最大平飞速度马赫数2，作战半径约1100千米。机上装1门新型航炮，有14个外挂架，对空作战可挂8枚空对空导弹，最大载弹量6000千克，具有远、中、近距空战能力。

英国“鹞”式战斗机

英国“鹞”式战斗机是世界上第一种实用的垂直/短距起落飞机。1969年开始装备部队，并有舰载型“海鹞”和美国改型生产的AV—8B型等。在1982年的英、阿马岛之战中，“鹞”式飞机首次参战，执行截击任务，击落对方飞机16架。海湾战争中，AV—8B参战执行对地攻击任务被地面火力击落7架。最大平飞速度1186千米/小时，作战半径约420千米。机身下可装挂2门30毫米“阿登”航炮炮舱、翼下可挂装空对空导弹和炸弹等武器，最大载弹量2270千克。

英国“鹞”式战斗机

武器档案

机　　长：14.11米
翼　　展：9.24米
最大速度：1186千米/小时
作战半径：420千米
主要武器：2门30毫米航炮

瑞典JAS.39“鹰狮”战斗机

武器档案

机　　长：14.10米
机　　高：4.50米
翼　　展：8.40米
最大速度：M2.0
主要武器：1门27毫米航炮

瑞典JAS.39“鹰狮”是一种高性能多用途战斗机，20世纪90年代中期装备部队。该机采用三角形中单翼近距耦合鸭式布局，最大速度马赫数2，机上装1门27毫米“毛瑟”航炮，可外挂空对空导弹，空对地导弹和空对舰导弹等武器。

瑞典Saab-37战斗机

瑞典Saab-37“雷”式战斗机是一种三角翼鸭式布局多用途飞机。1971年开始装备部队，有截击、攻击、教练、侦察等改型。最大平飞速度马赫数1.7，作战半径500千米～1000千米。机上装1门“厄利孔”30毫米航炮，可挂装6枚空对空导弹，也可挂装火箭弹等空对地武器。

瑞典Saab—37战斗机

武器档案

机　长：16.40米
机　高：5.90米
翼　展：1.60米
最大速度：M1.7
作战半径：
500千米～1000千米
主要武器：1门30毫米航炮

以色列“幼狮”战斗机

以色列“幼狮”战斗机是仿制法国“幻影”Ⅲ并换装美国发动机的一种单发、无平尾、三角翼飞机，进气道边装鸭式前翼，1974年投产。

最大平飞速度马赫数2.2，航程约1800千米。机上装有30毫米航炮，并可外挂空对空导弹和各种空对地武器。

武器档案

机　长：15.65米
机　高：4.55米
翼　展：8.22米
最大速度：M2.2
航　程：1800千米
主要武器：30毫米航炮

以色列“幼狮”战斗机

地面猛兽——攻击机

攻击机又称强击机，它主要用于从低空、超低空攻击敌地面（水面）中小型目标，对己方部队实施直接火力支援。强击机要求具有良好的低空操纵性、安全性和搜索地面目标能力。在飞机的要害部位座舱、发动机、油箱等一般有装甲保护。所谓“强击”，即是能够不畏敌人的地面炮火强行实施攻击。

美国A-7“海盗”攻击机

美国A-7“海盗”飞机是美国现役的主力攻击机，为美军在越南战争中代替昂贵的F-4、F-105遂行对地攻击任务而研制。1966年开始装备部队，在1991年的海湾战争中，主要遂行浅近遮断攻击任务。最大平飞速度1100千米／小时，作战半径600千米～900千米。机上装1门M61式20毫米航炮，可挂装各种空对地武器，最大载弹量6800千克。

美国A—7“海盗”攻击机

武器档案

机　　长：14.06米
机　　高：4.89米
翼　　展：11.80米
最大速度：1100千米/小时
作战半径：600千米～900千米
主要武器：1门20毫米航炮

美国A-6“入侵者”攻击机

美国A-6“入侵者”是一种双座重型舰载攻击机，主要用于对敌纵深地面目标实施攻击。1963年开始装备部队，在1991年的海湾战争中，有40余架A-6飞机参战，损失4架。最大平飞速度1037千米／小时，作战半径1200千米。可外挂各种空对地武器，最大载弹量约8200千克。

美国A—6“入侵者”攻击机

武器档案

机　　长：16.69米
机　　高：4.93米
翼　　展：16.15米
最大速度：1037千米/小时
作战半径：1200千米

美国A-10“雷电”攻击机

美国A-10“雷电”攻击机是美国空军目前的主力空中支援飞机，机内装甲厚，防弹能力强。1975年开始装备部队，在1991年的海湾战争中，114架A-10参战，用于攻击伊拉克的装甲部队，被地面火力击落5架。作战飞行速度710千米/小时，作战半径460千米~1000千米。机上装1门大威力的30毫米7管转管炮，最大外挂武器重量7250千克。

美国A—10“雷电”攻击机

武器档案

机　　长：16.26米
机　　高：4.47米
翼　　展：17.53米
最大速度：710千米/小时
作战半径：460千米~1000千米
主要武器：1门30毫米7管转管炮

在电影《变形金刚》中，A-10“雷电”用机炮和空地导弹对机械蝎子进行压制和精确打击。

美国A-4“空中之鹰”攻击机

美国A-4“空中之鹰”轻型舰载攻击机，主要用于对海上和沿岸目标实施攻击。1954年开始装备部队，后陆续出口到很多国家，至今仍在一些国家中服役，其生产总数达3000架左右。1982年的英、阿马岛之战中，阿根廷用A-4飞机创造了用老式飞机和炸弹击沉现代化军舰的战例。A-4也曾用于美海军“兰天使”飞行表演队。最大平飞速度1040千米/小时，作战半径540千米。机上装2门MK12式20毫米航炮，可挂装空对空导弹和各种空对地武器，最大载弹量约4500千克。

美国A—4“空中之鹰”攻击机

武器档案

机　　长：12.29米
最大速度：1040千米/小时
作战半径：540千米
主要武器：2门20毫米航炮

法国“超军旗”攻击机

法国“超军旗”舰载攻击机，主要执行对地和对舰攻击任务，也可进行空战，其生产总数仅100架左右。1978年开始装备部队，在1982年的马岛之战中，阿根廷的“超军旗”曾用导弹击沉击伤数艘英国军舰。最大平飞速度1060千米/小时，作战半径720千米。机上装2门“德发”30毫米航炮，对地攻击的最大载弹量2100千克。

武器档案

机　　长：14.1米
机　　高：3.85米
翼　　展：9.60米
最大速度：1060千米/小时
作战半径：720千米
主要武器：2门30毫米航炮

意大利MB.339攻击机

意大利MB.339教练/攻击机，可用于训练飞行员和遂行对地攻击任务，1979年底开始装备部队。1982年马岛之战中，阿根廷空军曾用这型飞机炸毁一艘英军舰。最大平飞速度898千米/小时，作战半径为228千米～540千米。机上可外挂空对空导弹、30毫米“德发”航炮吊舱、12.7毫米机枪吊舱或各型炸弹等，最大挂弹量1815千克。

武器档案

机　　长：11.24米
机　　高：3.994米
翼　　展：11.22米
最大速度：898千米/小时
作战半径：228千米～540千米
主要武器：30毫米航炮吊舱
12.7毫米机枪吊舱

意大利、巴西AMX轻型攻击机

意大利和巴西联合研制的AMX轻型攻击机，主要用于攻击地面和海上目标，并具有一定的空战能力，1988年开始装备部队。最大平飞速度马赫数0.86，作战半

径370千米～890千米。机上有1门20毫米6管炮或2门30毫米航炮，可挂装空对空导弹和各种空对地武器，最大载弹量3800千克。

意大利、巴西AMX轻型攻击机

武器档案

机　长：13.58米
机　高：4.58米
翼　展：8.87米
最大速度：M0.86
作战半径：370千米～890千米
主要武器：1门20毫米6管炮 2门30毫米航炮

天空播种机——轰炸机

轰炸机是用于对地面、水面目标进行轰炸的飞机。具有突击力强、航程远、载弹量大等特点，是航空兵实施空中突击的主要机种。

小乐园

战略轰炸机：是攻击敌人后方军事基地的轰炸机。

美国F-111战斗轰炸机

美国F-111战斗轰炸机是世界上第一种实用型变后掠翼飞机。1967年开始装备部队，1991年海湾战争中，它是美空军实施纵深攻击的主力机种之一，出动约4000架次，没有损失。最大平飞速度马赫数2.2，作战半径500千米～2100千米。机上装备1门M61式20毫米航炮，可挂装各种空对地武器，最大载弹量为8500千克。

武器档案

机　长：22.40米
机　高：5.22米
翼　展：9.74米
最大速度：M2.2
作战半径：500千米～2100千米
主要武器：1门20毫米航炮

在海湾战争期间，就在美国空军战斗机开始使用精确武器击毁一辆辆伊拉克装甲车的时候，美国中央空军司令部总司令H·诺曼·施瓦茨科夫上将，就部队中流传的口头禅“过把打坦克瘾”，对负责作战指挥的查尔斯·霍纳中将抱怨说：“告诉他们，别再把打坦克的任务叫做‘过把打坦克瘾’了”！因为他认为这个用语不正规，不中听。原来这个用语是这样产生的：在完成作战任务以后进行飞行讲评时，空勤人员要一盘接一盘地看记录攻击过程的驾驶舱录像带，当他们看到伊拉克的坦克和工事被飞机炸得碎片横飞的情景，就想起了平时用气枪把铁皮罐头打得丁当作响的快乐，于是就把打坦克任务戏称为“过把打坦克瘾”。很快它就成了部队的口头禅而流行开来。

苏联苏-24“击剑手”战斗轰炸机

苏联苏-24“击剑手”战斗轰炸机是一种双座、双发、变后掠翼飞机，1974年开始装备部队。最大速度马赫数2.2，作战半径1200千米。机上装1门30毫米多管航炮，可挂装各种空对地武器，最大外挂武器重量8000千克。

武器档案

机　　长：24.59米
机　　高：6.19米
翼　　展：17.64米
最大速度：M2.2
作战半径：1200千米
主要武器：1门30毫米多管航炮

法国“幻影”IV战略轰炸机

法国幻影IV战略轰炸机，可能是现代世界上最小巧的现代战略轰炸机。“幻影”IV采用无尾翼三角形中单翼布局，有大后掠垂尾及符合面积律的流线型机身，后机身内装两台涡轮喷气发动机。

机翼为金属结构，悬臂式三角形中单翼。最大速度马赫数2.2，作战半径1250千米~1600千米。

武器档案

机　　长：23.50米
机　　高：5.65米
翼　　展：11.85米
最大速度：M2.2
作战半径：1250千米~1600千米
航　　程：3700千米

美国B-52式轰炸机

B-52是美国波音飞机公司为美空军研制的亚音速远程战略轰炸机。于1948年7月开始研制，1952年4月进行首次试飞，1955年开始批量生产并装备部队。最大速度马赫数0.95，作战半径7400千米。

武器档案

机　　长：49.05米
机　　高：12.40米
翼　　展：56.39米
最大速度：M0.95
作战半径：7400千米

美国XB-70女武神战略轰炸机

XB-70是一架长59.7米、宽32米、三角翼基本构型的大型喷射机，其主翼后掠角约65.5度，两侧翼端采液压可变设计，可根据需要在25度到70度之间切换。由于其超音速飞行的需要，它虽然可以筹载抛掷传统或核子武器，但却不能外挂任何机外设备。最大速度马赫数3.1，作战半径7900千米。

此种变形战斗机是以北欧神话中战神奥丁的侍女神而命名的，女武神瓦尔库里是北欧神话中侍奉战神奥丁的女神，奉其命令奔波于战场上，停止已经踏入死亡命运的战士们的呼吸，并将其尸体运往瓦尔哈拉神殿，让其复活以准备在诸神与巨人族的最终战争"诸神之黄昏"中作为守护诸神的战士而战斗。瓦格纳的名曲《女武神之飞驰》指的就是她。

武器档案

机　　长：59.74米
机　　高：9.14米
翼　　展：32米
最大速度：M3.1
作战半径：7900千米

空中间谍——侦察机

专门用于从空中获取情报的军用飞机，现代战争中的主要侦察工具之一。按遂行任务范围，分为战略侦察机和战术侦察机。

U-2侦察机

20世纪50年代初，美国为了更好地从空中猎取他国的军事秘密，开始研制一种专用的远程侦察机。这就是U—2高空侦察机。因其全身漆成黑色而被称为"间谍幽灵"。该型机只要在美国飞12次，就能把全

国情况拍个遍，且清晰度很高。这种侦察机最引人注目的特征就是一对细长的主翼。

U–2侦察机

RQ–8A无人侦察机

RQ–8A“火力侦察兵”无人机是美国诺思罗普·格鲁门公司的瑞恩航空中心为美国海军研制的下一代舰载垂直起降战术无人机用于执行侦察和瞄准任务，此型飞机能在任何配有航空装置的战舰和狭小的陆地上起飞。它配有电子红外传感器和激光指示器，能覆盖从起飞地方圆110海里的区域。

RQ–4A“全球鹰”无人侦察机

诺斯罗普·格鲁曼公司的RQ–4A“全球鹰”是美国空军乃至全世界最先进的无人机。该机能为地面的军队指挥人员提供高精度、近实时的大范围侦察监视图像。在第44届巴黎航空航天博览会上，从美国本土直飞巴黎参展的美军“全球鹰”战略无人侦察机大出风头，这也是它在大型国际航展上首次公开亮相。

空中指挥家——预警机

预警机就是机背上背有一个大“蘑菇”，装有远程警戒雷达用于搜索、监视空中或海上目标，指挥并可引导己方飞机执行作战任务的飞机。

E–2C预警机

E–2C“鹰眼”是格鲁门飞机公司为美国海军舰队设计的空中预警飞机，在海军航母编队中担任空中预警和指挥任务，保护航空母舰战斗群。E–2C中队成员约一百二十名，包括飞行、地勤、和行政人员。

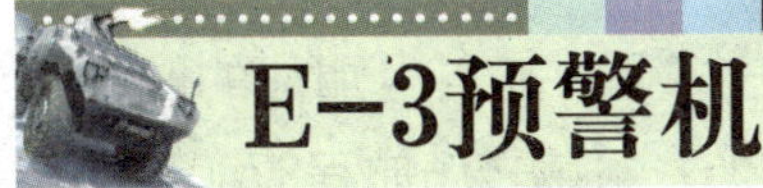

E–3预警机

E–3预警机是美国波音公司根据美国空军“空中警戒和控制系统”计划研制的全天候远程空中预警和控制机，具有下视能力及在各种地形上空监视有人驾驶飞机和无人驾驶飞机的能力，别名E–3“望楼”。

E–3可以同时处理600个目标，并引导对其中100个目标进行跟踪控制，其雷达的有效探测半径从324千米(对低空小目标)至667千米(对高空大目标)。在1991年的海湾战争中有11架E–3飞机参与执行空中预警指挥任务，获得了良好的作战效果。

E–767预警机

这种大型预警机的载机为波音–767，对高空目标的探测距离达780千米，内部所装预警设备基本上与美国空军E–3预警机类似，一次空中加油可飞行22个小时。目前日本已装备4架，还计划采购6架。如此一来，日本自卫队便拥有了20多架先进预警机。数量仅次于美国。

军事武器百科

空中大力神——运输机

运输机是用于运输兵员、武器装备和其他军用物资的飞机，也可用来空投伞兵或进行投降作战。

C-130运输机

C-130 是美国最成功、最长寿和生产最多的现役运输机，在美国战术空运力量中占有核心的地位，同时也是美战略空运中重要的辅助力量。

C-130 诞生在“柏林封锁事件”发生后。“柏林事件”起因是二战刚刚结束后，由于苏联和盟国间矛盾逐渐激化，苏联为向西方盟国加压，封锁了所有通往西柏林的陆上道路。而西柏林在停战协议中是盟国的占领区，当时居民还需要靠盟国救援生存下去。苏联认为只要封锁西柏林一段时间，盟国必将向前苏联让步。但盟国立即展开了从空中向西柏林运送救援物资的行动，在长达近一年的封锁期内向西柏林昼夜不断的空运物资。这一史无前例的大空运彻底打乱了苏联的计划，最后苏联不得不重开封锁线，倒落得个坏名声。“柏林事件”使各国充分认识到空运的重要性，而性能出色的运输机是空运力量的核心。

小乐园

机组乘员：飞机上的全部人员。

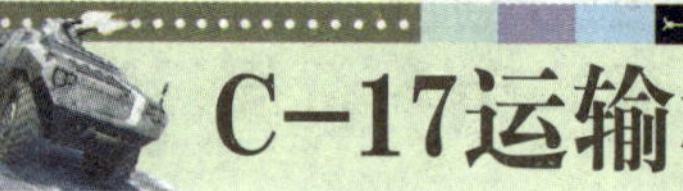

C-17运输机

C-17环球霸王III是最新型的具有高度灵活性的战略军用运输机，适应快速将部队部署到主要军事基地或者直接运送到前方基地的战略运输，必要时该飞机也可胜任战术运输和空投任务。这种固有的灵活性和性能帮助美军大为提高了全球空运调动部队的能力。

C-17满载不空中加油的航程为4630千米，空载转场航程8700千米，空中加油后的最大航程11600千米。

安-72运输机

安-72运输机是乌克兰的安东诺夫航空科研技术联合体研制的双发短距起落运输机，1977年12月22日进行首飞。座舱正副驾驶员和飞行工程师，主货舱可运送32名乘客或24名伤员和一名护士。主要机载设备包括机头舱内装有导航和气象雷达，多普勒自动导航系统以及地图显示装置。

小乐园

伞兵：从运输机上使用降落伞降落到地面的士兵。

空中加油站——加油机

加油机是给飞行中的飞机及直升机补加燃料的飞机。

KC-135加油机

KC-135是美国空军C-135型运输机改型而来的空中加油机，绰号为“同温层油船”，是美空军的主要加油机，该机机组人员共4人：正、副驾驶，领航员及空中加油操纵员。加油操纵员的任务是完成加油机与受油机之间的联络、对接及控制加油量的工作。它可以同时给几架战斗机加油。当它仅用一个油箱加油时，每分钟可以加油400加仑。前后油箱同时使用时，每分钟可以加油800加仑。

KC-10加油机

KC-10型加油机是美国麦道公司研制的加油机，是当今世界上功能最全、加油能力最强的空中加油机，有“空中油库”的称号。

海湾战争中，美国空军出动了其全部的KC-10加油机，为执行战斗攻击任务架次总数的约60%的飞机进行空中加油。KC-10也是“沙漠盾牌”行动首批出动的飞机之一，平均一天就要对1433架次的飞机进行空中加油。

第七章

海上战士——军用舰艇

Haishang Zhanshi Junyong Jianting

军舰是在海上执行战斗任务的船舶。直接执行战斗任务的叫战斗舰艇，执行辅助战斗任务的是辅助战斗舰艇。军舰与民用船舶的最大区别是舰艇上装备有武器；其次是军舰的外表一般漆上蓝灰色油漆，舰尾悬挂海军旗或国旗；桅杆上装有各种用于作战的雷达天线和电子设备也是它的一个标志。

军舰被认为是国家领土的一部分，在外国领海和内水中航行或停泊时享有外交特权与豁免权。

古代战船

古代战船的发展，包括桨帆战船和风帆战船。未装备火炮以前的战船大多为桨帆战船，船体结构为木质，船型较瘦长，吃水较浅，干舷较低，主要靠人力划桨摇橹推进，顺风时辅以风帆。早期装备冷兵器，后期开始装备燃烧性火器。作战方法为撞击战和接舷战。一般只适于在内河、湖泊和近岸海域航行作战。

地中海国家和中国是古代战船的发源地。

主力舰楼船

楼船是一种具有多层建筑和攻防设施的大型战船，外观似楼，故曰楼船。汉代大型战舰“楼船”高十余丈。三国时东吴建成五层战船，可载兵3000人。楼船不仅外观巍峨威武，而且船上列矛戈，树旗帜，戒备森严，攻守得力，宛如水上堡垒。我国的航海技术和造船技术在汉代有了很大的发展。其中就造船而言，汉代最为著名的船，便是楼船。

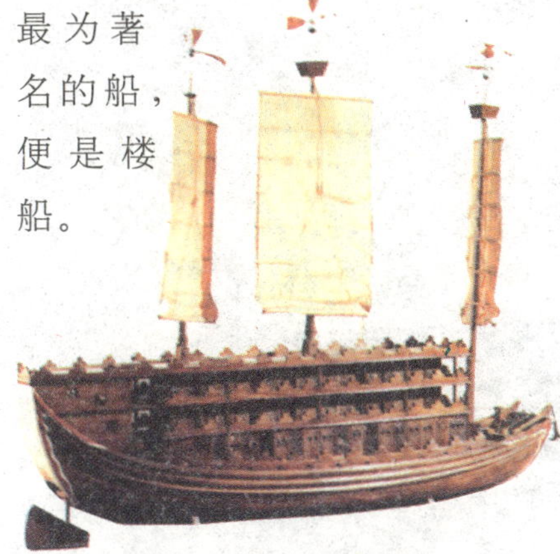

进退神速的两头船

明朝制造了两头有舵进退神速的“两头船”，以及特种战船连环舟和子母舟。连环舟舱体长4丈(约合12.4米)、分两截，前截占1/3，装载爆炸火器，后截占2/3，乘战士。冲撞船时，舟首例髯钩钉牢敌船，火器爆炸后与敌船同毁。撞击时，连结前后截的铁环自解，后截得以在爆炸前脱驶。子母舟长3丈5尺(约合11米)，前2丈是舰船，后1丈5尺只有两边帮板，腹内空虚，藏一子身，母舱发火与敌船并焚，军士可驾子舟回营。

明代宝船

中国明代航海家郑和率领庞大船队于1405年～1433年七次下西洋，所乘最大的“宝船”，长44丈4尺（约137米），宽18丈（约56米），有9桅12帆，装有火铳多门，是当时世界上最大的风帆海船。

海上舵主——航空母舰

航空母舰是一种以舰载机为主要作战武器的大型水面舰只。现代航空母舰及舰载机已成为高技术密集的军事系统工程。

“赤城”号航空母舰

“赤城”号航空母舰是日本帝国海军设计建造的航空母舰。“赤城”号3段飞行甲板呈阶梯状分为3层，上层是起降两用甲板，中下两层与双层机库相接可供飞机直接起飞，中层甲板供小型飞机起飞，下甲板层较长供大型飞机起飞。上层飞行甲板前端下面是横跨舰体两舷的舰桥，为了消除烟囱排烟对飞机着舰造成的不良影响，横卧式烟囱向下弯曲伸向舷外。安装10门200毫米口径火炮，用来打击巡洋舰等水面目标。

美国“华盛顿”号航空母舰

“华盛顿”号航空母舰是美国海军的第6艘“尼米兹”级航空母舰，于1986年8月开工兴建，1990年7月下水，1992年7月编入美海军大西洋舰队服役。

该舰以美国“国父”乔治·华盛顿的名字命名，因而也颇有些与众不同的“领袖风范”。1992年7月4日是该舰举行下水仪式的日子。来自美国各地的2000多位达官显贵纷纷驱车奔向诺福克海军基地，欲先睹“华盛顿”号的风采为快。时为美国第一夫人的巴巴拉·布什也特地赶来祝贺，还亲手把一瓶陈年香槟泼洒在“华盛顿”号舰首。实际上，1990年该舰的命名仪式就是巴巴拉同布什总统一起主持的。万众瞩目之下，“华盛顿”号像一位高贵的绅士，缓缓驶向碧波浩瀚的大西洋，带着时为国防部长的切尼的祝福，“最新和最伟大的科技将‘华盛顿’号驶向21世纪”。

美国“罗斯福”号航空母舰

它是目前世界上吨位最大、在役数量最多的一级核动力航空母舰，其首舰于1975年服役，迄今共服役8艘，第9、第10艘正处于建造中。该级航空母舰满载排水量在91000吨以上，从第5艘起由于加装了几千吨重的装甲防护板，使其满载排水量增至102000吨，成为世界有史以来最大的舰船。

美国“罗斯福”号航空母舰

法国“克莱蒙梭号”航空母舰

克莱蒙梭是法国历史上著名的将领，以他的名字命名的“克莱蒙梭”级航空母舰则是法国现役著名的一级航空母舰。它不仅是法国海军自行建造的第一级航空母舰，也是目前世界唯一能起飞固定翼飞机的中型航空母舰。

“克莱蒙梭”号于1955年11月在布勒斯特船厂开工，1957年12月下水，1961年11月建成服役。

“克莱蒙梭”级全长265米，宽31.7米，吃水8.6米，从龙骨到舰桥高达51.2米，分为15层甲板，标准排水量24200吨，满载排水量32780吨，主机为2台蒸汽机，总功率126000马力，双轴双桨，最大航速32节，15节时续航力7500海里。该舰编制人数1821人，其中空勤人员483人。

海上猛将——巡洋舰

巡洋舰是在排水量、火力、装甲防护等方面仅次于战列舰的大型水面舰艇，巡洋舰拥有同时对付多个作战目标的能力。

意大利“安德烈亚·多里亚”级巡洋舰

该级舰总长149.3米，舰宽17.2米，吃水5.0米，标准排水量5000吨，满载排水量6500吨。飞行甲板长30米，

宽16米。主机功率60000马力，设计航速31节，持续航速30节，续航力6000海里/20节。人员编制78人，其中53名军官。

该级舰上的导弹主要有2座双联装“小猎犬”舰对空导弹发射装置，位于前部。舰炮为8门76毫米炮。另外还有两座三联装鱼雷发射管。

“德鲁伊特尔”级巡洋舰

秘鲁海军的导弹巡洋舰“德鲁伊特尔级”格劳海军上将”号，是目前世界上最老的在役舰之一。它于1939年由荷兰建造，1944年下水，直到1953年才作为防空巡洋舰编入现役，1973年秘鲁购进该舰，并于1985至1988年重回荷兰进行耗资1.4亿美元的大修和改装，在当时是作战能力较强的导弹巡洋舰，今天，它已是有60多年舰龄的老一代战舰，即将退出现役走进历史。

美国“莱希”级导弹巡洋舰

该级舰是美国使用时间较长的一种导弹巡洋舰，共建9艘，其满载排水量8203吨，舰长162.5米，舰宽16.6米，航速32.7节，最大连续航行距离8000海里。编制513人，有飞机起降平台。装备5座导弹发射装置和2座鱼雷发射装置。另有2座“密集阵”武器系统。

“班布里奇”级核动力巡洋舰

“班布里奇”级是作为与核动力航空母舰协同作战的一级核动力巡洋舰。该级仅建造1艘，1959年由美国伯利恒钢铁公司铺设龙骨，1961年10月建成服役。它是继“企业”号航空母舰、“长滩”号巡洋舰之后，第三艘核动力战舰；也是世界上最小的核动力水面舰只。

该舰舰长172.3米，宽17.6米，吃水7.7米；标准排水量7804吨，满载排水量8592吨；动力装置最大功率4.4万千瓦，最大航速30节。

全能高手——驱逐舰

驱逐舰是一种多用途的军舰，既能在海军舰艇编队担任进攻性的突击任务，又能担任作战编队的防空、反潜护卫任务，还可在登陆、抗登陆作战中担任支援兵力，以及担任巡逻、警戒、侦察、海上封锁和海上救援等任务。

“德里”级导弹驱逐舰

“德里”级是印度建造的导弹驱逐舰，是印度海军致力于远洋海军的象征。该舰在设计上是“拉吉普特”级导弹驱逐舰（俄罗斯“卡辛”级驱逐舰的出口型）的派生型，同时又具有“格达瓦里”级导弹护卫舰的某些特征。首舰“德里”号于1997年11月建成服役，共建造3艘。

该级舰全长163米，宽17米，吃水6.5米，标准排水量5900吨，满载

排水量6700吨。动力装置为柴－燃联合形式，2台AM－50燃汽轮机，功率54000马力，2台KVM－18柴油机，功率9920马力，最大航速32节，续航力5000海里。全舰编制360名，其中军官40人。

意大利“勇敢”级导弹驱逐舰

“勇敢”级导弹驱逐舰是意大利海军建造的一级新型导弹驱逐舰，装有意大利当今最先进的武器装备及其他各种设备。该级舰主要是在特遣编队中担负反潜和防空任务。

“勇敢”级舰长147.7米，宽16.1米，吃水5米；标准排水量4330吨，满载排水量5400吨；动力装置采用2台燃气轮机、2台柴油机，最大航速315节。

小乐园

海里：它是代表海上距离的长度单位，1海里等于1825米。

日本“岛风”号导弹驱逐舰

日本“岛风”号导弹驱逐舰服役于1988年，长150米，宽16.4米，满载排水量5500吨，航速30节。舰上装有127毫米舰炮和6管20毫米火炮，以及四联“捕鲸叉”舰对舰导弹装置2座，“标准”型舰对空导弹装置，八联“阿斯洛克”反潜装置各1座。

日本“岛风”号导弹驱逐舰

日本“朝雾”级驱逐舰

“朝雾”级首制舰1985年2月动工，1986年9月下水，1988年3月加入现役。

该级舰长137米，宽14.6米，吃水4.5米；标准排水量3500吨，满载排水量4200吨；动力装置采用4台燃气轮机，总功率5.4万马力，最大航速30节。

日本“高波”级导弹驱逐舰

“高波”级导弹驱逐舰，排水量5300吨，32单元MK41型导弹垂直发射系统，发射海麻雀舰导弹和阿斯洛克反潜导弹，其他武器还有鱼叉和鱼雷（仿制MK46）。

法国“卡萨尔”级驱逐舰

法国海军“卡萨尔”级（F70AA）驱逐舰是一级防空型驱逐舰，它是在“乔治·莱格”级反潜驱逐舰的基础上，利用与其基本相同的舰体，加装不同的武器装备和动力系统，以较短时间和较低价格设计建造而成的。它的作战使命是为法国海军航母编队和其他水面舰艇编队进行防空保障。

该级舰全长139米，宽14米，吃水4.1米，标准排水量4230吨，满载排水量4700吨。动力装置为柴油机，这在法国海军驱逐舰上尚属首次。4台“皮尔斯蒂克”18PA6V280BTC柴油机，总功率43200马力，航速29.5节，续航力8000海里/17节。全舰编制244，其中军官20人。

德国汉堡级(101A型)导弹驱逐舰

它的标准排水量3340吨，满载排水量4330吨，航速35节，续航力6000海里/13节，舰上配有3门100毫米高炮，8门40毫米炮，4门20毫米炮，4座飞鱼MK38型舰对舰导弹发射架。反潜武器为6具鱼雷发射管、2座反潜火箭发射器及投放水雷设备。

精巧卫士——护卫舰

护卫舰是以舰炮、导弹、水中武器（鱼雷、水雷、深水炸弹）为主要武器的中型或轻型军舰。它主要用于反潜和防空护航，以及侦察、警戒巡逻、布雷、支援登陆和保障陆军濒海翼侧等作战任务，又称为护航舰。在现代海军编队中，护卫舰是在吨位和火力上仅次于驱逐舰的水面作战舰只。

俄罗斯“勇敢”级护卫舰

该级舰是俄罗斯最先进的护卫舰，也是护卫舰家族中的佼佼者。其满载排水量4100吨，舰上装有SA-N-9垂直发射防空导弹和SS-W-25反舰导弹。该级舰在隐身性上作了许多探索，俄造船专家对电子战系统和导弹指挥系统进行了更换，是能与西方军舰进行海上较量的战舰。

以色列“萨尔”5级隐身护卫舰

“萨尔”5级是美国以军援方式向以色列提供的隐身护卫舰，由美国最好的船厂——制造航空母舰的英格尔斯公司建造，数量为3艘，于1996年底至1997年初，交付以色列海军。尽管其满载排水量才1227吨，舰长85.4米，舰宽11.9米，吃水3.2米，最大航速34节，但续航力达到3500海里，自持力24天，是一种能担负保护海上交通线、反水面舰艇、反潜、防空和巡逻任务的多功能水面舰艇。

2006年7月14日，以色列最先进的“萨尔-5”级隐身护卫舰在贝鲁特外海16公里处执行封锁任务，船上的80名水兵都把这次行动当成“悠闲的武装旅游”，因为无论是真主党还是黎巴嫩政府军都没有可以出海的战舰。当日晚上8时30分左右，突然两道火光从黎巴嫩海岸迅速蹿向这艘军舰，一声巨响之后，这艘造价达2.5亿美元的战舰便告丧失战斗力。

德国“勃兰登堡”级导弹护卫舰

“勃兰登堡”级护卫舰是德国海军1995年3月加入现役的新型护卫舰。该级舰基本上是仿照“不来梅”级舰设计、改进而成的，主要用来取代“汉堡”级防空型驱逐舰。

该级首制舰1992年1月开工兴建，1993年7月下水，1995年3月入役，它的舰长138.9米，宽16.7米，吃水7.4米；动力装置采用2台LM-2500燃气轮机和2台MTU-20V956TB-92柴油机，总功率6.3万马力，最大航速29节。

美国诺克斯级护卫舰

诺克斯级护卫舰是以反潜武备强而闻名的。该级舰除有1座八联装阿斯洛克反潜火箭和1座双联装MK-32鱼雷发射管(配备MK-46鱼雷)外，还搭载有1架反潜直升机。

该级舰共建造了50艘。其首制舰于1965年10月动工兴建，1966年11月下水，1969年4月加入现役。诺克斯级舰长134米，宽14.3米，吃水4.6米；标准排水量3010吨，满载排水量3880吨；动力装置仅有1台蒸汽轮机，总功率3.5万马力，最大航速29节；按22节航速计算，它的续航力达4000海里。

先锋勇士——登陆舰艇

登陆舰艇又称两栖舰艇，它是为输送登陆兵、武器装备及补给品登陆而专门制造的舰艇。

意大利“圣乔治奥”级船坞登陆舰

意大利“圣乔治奥”级两栖攻击舰为右舷岛式航空母舰飞行甲板，有3个着落点，设计独特，战时用于人员和装备的输送和登陆支援，平时用于自然灾害的救援。意海军研制该级舰时，鉴于建造经费问题，既考虑战时登陆支援的要求，又重视平时救灾的需要。由于意大利大部分主要城市（尤其是易受灾的南部）靠海，一旦发生自然灾害时，该级舰即可前往支援。为了进行有力的支援，除了舰上登陆装备（如登陆艇、各种车辆和直升机）比较齐全外，还装配了较先进的医疗设施，包括X光设备、诊疗所、手术室、观察站、病房和隔离室等。此外，舰上设有大型餐厅和较多住舱，供登陆部队和救助人员使用。由于这级舰平战时期均能有效的使用，体现了一舰多用的“平战结合”的思想。

意大利“圣乔治奥”级船坞登陆舰

法国“闪电”级船坞登陆舰艇

“闪电”级可容纳四架超级“美洲狮”直升机，在世界各国发展的两栖战舰中，“闪电”级船坞登陆舰的设计和总体布局，与美国、英国、日本等国的船坞登陆舰相比较，给人一种匠心独运、别具一格的感受。该舰飞行甲板后端的升降机将坞舱、车辆库及飞行甲板有机地结合在一起，使坞舱根据需要随时可变成直升机库，而飞行甲板也随时可停放大量的车辆。尾端的活动坞舱盖，既可增加直升机起降点，又可在拆除后进行较大吨位舰艇的坞内修理。该舰的设计充分体现了“一舰多用”的设计思想，它既可以在任何海岸独立执行两栖作战任务，又可担负反潜、反舰、防空、编队指挥等多种任务，还可以作为后勤保障供应舰以及用于海上小型舰船的应急维修等多种用途。

美国LCAC登陆舰艇

LCAC为美国海军新型全垫升式气垫登陆艇，1986年开始投入使用，主要用于在登陆作战中运送人员和物资突击上岸。LCAC采用铝合金焊接结构，舰尾部安装两座直径3.58米的四叶导管空气螺旋桨。该艇的运载能力较强，最大载重达68吨，可装载1辆主战坦克或4辆轻型装甲车，能搭载输送美军现役最重的M1A2型主战坦克。LCAC具有良好的通行性，可在全世界70%以上的海岸实施登陆作战，最大航速达到50节，在三级海况时依然达30节以上。

艇长26.8米，舰宽14.32米，空载艇重92.68吨，最大载重68吨，装载面积168平方米，最高航速50节，续航力200海里/50节和300海里/35节，舰员编制为5人。

导弹艇

导弹艇是以舰舰导弹为主要武器的小型高速水面战斗舰艇。可对敌大、中型水面舰船实施导弹攻击，也可担负巡逻、警戒、反潜、布雷等任务。导弹艇吨位小，航速高，机动灵活，攻击威力大。

中国"红箭"级导弹艇

"红箭"级是我国在20世纪90年代初期研制的第三代多用途导弹快艇。"红箭"级导弹艇采用的是常规排水艇型，舰首外飘，方尾结构，水线下装有减摇鳍，可在很大程度上增强其航行的稳定性，并可在高海况条件下为艇载武器及人员提供稳定的发射及活动平台。全艇采用了全封闭设计，可在核、生、化条件下作战。

"红箭"级导弹艇艇长65.4米，宽8.4米，吃水4米，正常排水量为465吨，满载排水量为540吨，最大航速34节，续航力为2000海里/18节，艇员47人。

"毒蜘蛛"导弹艇

俄罗斯的"毒蜘蛛"级导弹艇这些年一直是国际军火市场上的招牌产品。俄罗斯在做广告或招贴画的时候，将美国现役的一些舰艇的轮廓做成了被击沉的目标。这引起美国一些厂商的不满，他们在做海报或招贴画时，也选用俄罗斯的舰艇轮廓作为被击沉的靶子。设计“毒蜘蛛”级导弹艇主要用于攻击敌方的大型水面舰艇，具有速度快、反应时间短、导弹威力大的特点，并具备较强的对空火力和近战能力，一向是俄罗斯海军近岸防御的重要组成部分。“毒蜘蛛”级导弹艇是俄罗斯现役执行沿海防御任务的主力，其在俄罗斯经济困难、大型水面舰艇缩编的情况下起到了一定的作用。“毒蜘蛛”级导弹艇的反舰导弹布置在两舷，重心较高，发射时易产生艇体晃动的现象。

全艇长56米，全艇宽86米，吃水23米，标准排水量380吨，满载排水量455吨，最大航速36节，续航力800海里/5节，主要武器反舰导弹×4，近程舰空导弹发射装置×1。

隼级导弹艇

日本隼级艇第一艘“隼”号艇于2002年下水服役。它采用轻质合金船体，上层建筑采用全封闭结构。从外观上看“隼”，它的各个外结构面都向内倾斜，尽量避免垂直结构出现。为了追求隐形效果和电子兼容效果，支柱截面也均被设计为菱形。它艇长50.1米，宽8.4米，高4.2米，吃水1.7米，排水量200吨。隼级艇的长宽比较大，艇体相对狭长。艇艏部分船体使用深V形线型设计。它采用这些措施，有利于降低雷达截面积和提高适航性。

深海游魂——潜艇

潜艇是一种能潜入水下活动和作战的舰艇，也称潜水艇，是海军的主要舰种之一。潜艇在战斗中的主要作用是：对陆上战略目标实施核袭击，摧毁敌方军事、政治、经济中心；消灭运输舰船、破坏敌方海上交通线；攻击大中型水面舰艇和潜艇；执行布雷、侦察、救援和遣送特种人员登陆。

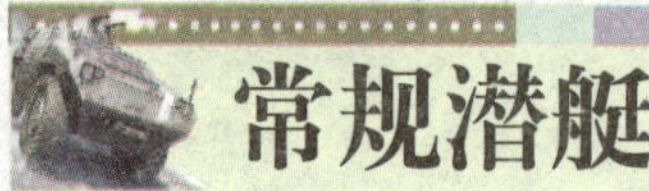

常规潜艇

常规潜艇是用柴油机作为动力源，边航行边带动发电机给电池充电的。由于柴油机工作需要大量的氧气，因此只有在水面状态、半潜状态和通气管状态航行时才能充电。完成一次充电过去需10至12个小时，现在使用快速充电器的情况下，需4小时～6小时。完成充电后，潜艇在水下潜航，高速（12节～20节）航行一般可持续1小时左右；低速（2节～4节）航行可持续数10个小时。

由于潜艇充电时是处于暴露状态，因此一般是在夜间或低威胁海区进行充电。这样，在作战情况下一天24小时中，白天在水下潜航，夜间浮起充电。

哥特兰级潜艇

哥特兰级1990年开始设计，首艇于1992年11月20日开工建造。1995年2月2日“哥特兰”号的下水，标志着战后常规动力潜艇技术取得了具有历史意义的突破性进展。它是世界上第一批装备了不依赖空气推进系统AIP的常规潜艇。

该艇长60米，宽6.1米，水下排水量1490 吨，2台各自最大输出功率为75千瓦的V4-275R型斯特林发动机，声呐CSU-90声呐系统，编制28人。

“海豚”级潜艇

荷兰一贯重视发展潜艇，战后不久就设计建造了“海豚”级。该级艇由3个圆柱形组成“品”字形对称结构，上部布置1个，下部布置2个。具有结构强度高、生命力强、重心低、稳性好等优点，但它也存在着结构复杂、焊缝多、施工不便、储备浮力大、线型和性能欠佳等缺点。这级潜艇共建造了4艘，首艇于1960年服役，1983年转为预备役。目前该级潜艇已经全部退出现役。

该艇长79.5米，宽7.8米，吃水4.8米，排水量水上1494吨，水下1826吨，水上航速14.5节，水下航速17节，8具533毫米鱼雷发射管（首尾各4具）。可发射MK8，MK37型鱼雷（1969年前），改装后可发射MK48，潜深300米，艇员67人（军官8人），英国对海搜索雷达1001型，LWS-20D声呐。

水怪级常规动力潜艇

A-14型水怪级潜艇是20世纪60年代末期开始研制的一级中小型潜艇，其艇长49.5米，宽5.7米，吃水5.5米；水上排水量只有1015吨，水下排水量为1085吨。虽说排水量不大，但该级艇在提高自动操纵控制能力和武器作战效能上，比其上一级海魔级有了一个飞跃。其推进系统实现了计算机化，且大部分控制系统达到自动化，故该级艇放置动力舱的艇尾舱段通常是无人管理的，艇的航行均由SCC-00型操纵系统控制。

核潜艇家族

核动力潜艇是潜艇中的一种类型，指以核反应堆为动力来源设计的潜艇。由于这种潜艇的生产与操作成本，加上相关设备的体积与重量，只有军用潜艇采用这种动力来源。核动力潜艇水下续航能力为20万海里，自持力达60天~90天。核动力潜艇一般分为两种：攻击型核潜艇与导弹核潜艇（也称战略核潜艇）。

“阿库拉”级攻击型核潜艇

“阿库拉”级攻击型核潜艇，也被称为“鲨鱼”级，是俄罗斯继“V-Ⅲ”级之后建造数量最多的一级艇。

该艇长115米，宽14米，吃水10.4米，排水量水上7500吨，水下9100吨，航速水下可达32节，潜深400米，编制85人，武器装备4具为533毫米，

用于发射53型鱼雷、SS－N－21巡航导弹、SS－N－15反潜导弹；另4具为650毫米，用于发射65型鱼雷和SS－N－16反潜导弹，各发射管均有水雷布放功能，武器总装载量为30枚（一说40枚）。艇内有快速装填装置，从而提高了武器的发射效率，动力装置：2座压水堆和3台蒸汽轮机，单轴推进，两个7叶螺旋桨。

台风级弹道导弹核潜艇

台风级是世界上最大的潜艇，较美国的俄亥俄级大了一半左右，其设计较以往的核动力弹道导弹潜艇有很大的不同，20具导弹发射管置于巨大的帆罩前方，帆罩则位于舰身中段稍后。外艇上铺设了消音瓦，其中包覆着两个直径8.5米相互平行的内耐压壳，内外艇壳间有很大的间距，内耐压壳在艇首及帆罩下方的直径为6米。艇内隔间与武器系统配置得体，两个内艇壳各有一具核反应堆，置于帆罩后方的艇体中而与机械室相邻。

浑圆的舰体及短胖的帆罩使台风级有3米的破冰能力。

该艇全长171.5米，全宽22.8米，吃水12.2米，排水量浮航状态21500吨，潜航状态26500吨。

台风级弹道导弹核潜艇

“勇士”级攻击核潜艇

“勇士”级潜艇是英国在第二次世界大战后发展的第一代核动力攻击型潜艇，1962年～1971年共服役5艘。这5艘艇“个个”都有段不平凡的历史，称得上是大英帝国的“勇士”。其中“勇士”号1967年从新加坡潜航返回英国，完成1.2万海里航程，创下了英国海军潜艇水下连续航行25天的记录；“丘吉尔”号在1979年～1980年成功地进行过潜射“鱼叉”导弹的发射试验，为该级潜艇改装美制“鱼叉”导弹铺平了道路。最名声显赫的是“征服者”号，它在1982年5月的英阿马岛海战中，用鱼雷在15分钟内击沉了阿根廷海军的“贝尔格拉诺将军”号巡洋舰。是世界海军作战史上核动力潜艇首次击沉敌方水面战舰的战例首创者。

该艇长86.9米，宽10.1米，吃水8.4米，排水量水上4400吨，水下4900吨，航速水上20节，水下30节，潜深300米，武器：艇首的6具533毫米鱼雷管，可发射总数多达32枚的“鱼叉”导弹和“虎鱼”MK24-2型鱼雷。

第八章

导弹的家族

Daodan De Jiazhu

导弹是依靠制导系统来控制飞行轨迹的火箭或无人驾驶飞机式的武器，其任务是把炸药弹头或核弹头送到打击目标附近引爆，并摧毁目标。

精确出击——巡航导弹

巡航导弹——它是依靠喷气发动机的推力和弹翼的气动升力，主要以巡航状态在大气层内飞行的导弹，曾被称为飞航式导弹。它可从地面、水面或水下发射，攻击地面，水面固定目标或移动目标。

身手不凡的“战斧”巡航导弹

“战斧”巡航导弹是20世纪70年代初由美国海军正式提出研制的。按用途可分为4种型号：潜射攻击型BGM-109A、舰/潜射反舰型BGM-109B、舰/潜射对陆常规攻击型BGM-109C、陆基机动核攻击型BGM-109G。

“战斧”导弹外形采用长度比较大的一字形正常式中弹翼平面布局。其头部呈卵形，中段为圆柱形，尾部为截锥体，尾段后部串接无翼式固体助推器。弹身中部装有一对窄梯形的折叠式直弹翼，腹部装有涡扇发动机及收放式进气斗，尾部装有二字形折叠尾翼。平时，弹翼折叠在弹身纵向贮翼槽中，发射后打开。为了达到隐射效果，“战斧”头锥天线罩和进气斗均采用吸收雷达波能力较强的复合材料，以减小雷达散射截面。弹翼和尾翼则采用雷达波传播能力强的表面材料。动力装置为涡扇发动机。

美国AGM-129型巡航导弹

美国于1983年研制的一种远射程、高精度空射巡航导弹，1987年首次试射，1992年开始装备美国空军，是一种改型战略巡航导弹，可实施核攻击和常规攻击双重任务。

性能特点：

①采用新的制导体制，命中精度有了大幅度提高。采用惯导+激光雷达制导，有末端寻的能力。

②射程远，可打击2750千米~4200千米范围内目标。

③核常一体，可实施有效的核威慑和常规打击。

地面使者——地空导弹

地空导弹是指从地面发射攻击空中目标的导弹，又称防空导弹。它是组成地空导弹武器系统的核心。

声名大振的“爱国者”导弹

“爱国者”是美国1967年开始研制的防空导弹，1982年交付样弹并批量生产。该弹从武器体制到技术方案，都是当今地对空导弹的佼佼者。它长6米，重950千克。最大作战半径80千米～100千米；作战高度最大24千米，最小300米；最大飞行速度为5马赫～6马赫，机动过载可达25克～30克；发射方式为4联装箱式倾斜发射。1台国际最先进的多功能相控阵制导雷达和1部自动化程度很高的指挥控制计算中心，可保证“爱国者”导弹能够以大于80%的杀伤概率飞向来袭目标。

“爱国者”导弹系统的相控阵雷达可以监视正面120°（±60°）、高低0°～90°范围内的100批目标；可同时跟踪8批目标、制导8枚导弹；雷达的主天线探测距离为150千米～160千米。当发现敌目标后，所有经过处理的信息都显示在AN／MPQ-104指挥控制车上。车上的1名指挥官和2名操作手通过控制台即可完成作战全过程。

俄罗斯“萨姆”-13地对空导弹

“萨姆”-13是苏联新型机动式近程防低空导弹系统，1975年开始装备部队。采用被动红外寻的制导方式，灵敏度高，抗干扰能力强，越野性能好。弹径120毫米，发射重55千克，射程500米～10000米，射高10米～5000米。

英国“长剑2000”地空导弹

“长剑2000”武器系统的每个火力单元包括1辆导弹发射车和2辆雷达车。导弹采用新的发动机后，最大射程增大到10000米。新型战斗部引爆后产生大量高速破片，可攻击各种飞机、无人驾驶飞行器或小型巡航导弹。采用8联装式发射架后提高了连续作战能力，可快速发射8枚导弹。搜索雷达采用大规模集成电路、相控阵天线和频率捷变等先进技术，能迅速发现和分辨各种不同目标的威胁信号，能在杂波中准确地鉴别巡航导弹等小型目标。遇到敌人发射反雷达导弹时，能立刻自动关机以免被敌人摧毁。跟踪雷达采用毫米波技术和新的信号处理技术，具有较强的抗干扰能力和全天候作战能力。全数字化火控系统通过光纤传输系统与发射车保持密切联系，使武器系统的反应时间从90秒减少到6秒。

海上霸主——反舰导弹

从舰艇、岸上或飞机上发射，攻击水面舰船的导弹。它是对海作战的主要武器。通常包括舰舰导弹、潜舰导弹、岸舰导弹和空舰导弹。常采用半穿甲爆破型战斗部；固体火箭发动机为动力装置；采用自主式制导、自控飞行，当导弹进入目标区，导引头自动搜索、捕捉和攻击目标。反舰导弹多次用于现代战争，在现代海战中发挥了重要作用。

海上敢死队“飞鱼”导弹

许多人迄今都还记得1982年5月4日发生在南大西洋海域那惊人的一幕：一枚价值仅20万美元的“飞鱼”导弹顷刻之间吞噬了身价2亿美元的“谢菲尔德”驱逐舰。自此，“飞鱼”名闻遐迩、身价百倍。

“飞鱼”导弹的由来和特点

“飞鱼”导弹最初是由38毫米舰对舰导弹“脱胎换骨”而成的，1978年定型投产，先后生产了2000多枚。这种导弹以体积小、重量轻、精度高、掠海飞行能力强并具有“发射后不管”，以及全天候作战能力为特长，广泛装备于法国的“超军旗”、“超美洲豹”、“幻影”50、“大西洋”海上巡逻机、“超黄蜂”和“海王”直升机等。

“飞鱼”导弹总长4.7米，弹径0.35米，翼展1.1米，发射总重为652千克，最大射程70千米，最大速度0.93马赫。其外形采用典型正常式气动布局，4个弹翼和舵面按X型配置在弹身的中部和导部。该弹采用惯性导航＋主动雷达导引头制导系统。导弹在自控段采用惯性导航，在自导段采用主动雷达导引头实施末段制导。

导弹发射前，机械设备将目标数据输送给导弹计算机。发射后，弹上的惯性导航系统将导弹引向目标，当导弹与目标之间的距离等于零时，发出引爆战斗部的指令。

AM39“飞鱼”导弹的装置

代号为AM39的“飞鱼”导弹选用的是带冲击效应的聚能穿甲爆破型战斗部，同时兼有破片杀伤能力。战斗部上装有延时触发引信和导引头控制的近炸引信两信，有机械、惯性和气压三级保险装置，从而可以保证战斗部适时解除保险、准时爆炸。整个战斗部总重160千克，装高能炸药40千克，能穿透12毫米厚的钢板，百米长、十余米宽的战舰被命中1发便将丧失战斗能力。

水面舰艇的克星

“飞鱼”之所以能成为水面舰艇的克星，与它的掠海作战、攻击方式独特分不开。当载机发现目标后，先由载机上的发射系统把目标的方位、距离、速度、载机的方向和速度等数据及时处理，得出导弹的飞行制导指令。

随后将指令装定到导弹上，一旦符合发射条件，导弹即沿着目标方向实施无力投放发射。在导弹发射后1秒钟，自由下落约10米时，助推器点火，自动制导系统开始工作，导弹进入俯冲飞行，当导弹速度到280米/秒时，主发动机点火工作，导弹增速至超音速；然后，导弹迅速降到15米并改为水平飞行，惯导系统开始工作，导弹以0.9马赫的速度贴海面巡航飞行并解除战斗部引信保险。在导弹距目标只10千米时，导引头开机搜索目标，截获目标后，转入对目标的自动跟踪并用比例导引法使导弹迅速接近目标，这时导弹按预定程序下降高度至2米～8米，掠海飞行，直至命中目标。

深海隐蔽杀手潜空导弹

自从反潜飞机和潜艇投入实战以来，两者之间便展开了旷日持久的殊死搏杀。反潜飞机凭借飞行速度快、机动性能强，航速十倍乃至数十倍于潜艇，因而能迅速飞抵战区。它作战反应快、效率高，可携带多种兵器在较短时间内探测搜索较大范围的海区，且受敌潜艇威胁小，能低空或超低空飞行，难怪潜艇面对反潜飞机的攻击常常束手无策、难以招架。

最初，潜艇只能消极地深潜隐匿，暂避一时，但终难逃脱其“天敌”的“掌心”。一些国家海军迫于无奈，只得把火炮搬上潜艇。交战时，让潜艇浮至水面，由射手操纵火炮进行抗击。然而作战效果并不理想。

形形色色的导弹问世

导弹的问世，特别是20世纪50年代形形色色的导弹广泛应用，使潜艇防空出现了转机。不少国家的武器专家先后把新型导弹搬到本国潜艇上，目前比较突出的有：英国的“斯拉姆”潜空导弹系统、美国的“西埃姆”潜用防空导弹和瑞典AIM-9L“响尾蛇”潜用防空导弹等。

“冥河”反舰导弹

“冥河”近程亚音速巡航式反舰导弹于1960年装备苏联海军，外销10多个国家，是早期最富声望的反舰导弹。主要装备导弹艇，如“蚊子”级、“黄蜂”级等，适于攻击大中型水面舰船。

1967年第三次中东战争中，埃及发射6枚“冥河”导弹，击沉以色列“艾拉特”号驱逐舰和一艘商船，揭开了海上导弹战的序幕，此举震动了西方各国，促使法、美等国家加快了其反舰导弹的研制进程。

1971年的印巴战争中，“冥河”也取得了13发12中的战绩。但它抗干扰性能差，已不适应当前电子战环境，现已停止生产。该型导弹采用中段自动驾驶仪和末段主动雷达寻的复合制导；战斗部为聚能穿甲型。

“宝石”反舰导弹

虽然还没有一个西方国家部署一种超音速反舰导弹，但俄罗斯已在研制第二代超音速反舰导弹了，其出口名称为“宝石”。该导弹于1992年～1993年首次展示。

“宝石”反舰导弹的运输容器可兼作发射筒，它使这种导弹的运输和使用简单化。“宝石”导弹可以从潜艇发射也可以从水面舰艇发射。“宝石”导弹被设计为垂直发射，采用多管垂直发射形式，可使多枚导弹几乎同时被发射。

“宝石”导弹飞行控制系统还包括HYU80－066B三轴陀螺稳定惯性平台。三轴陀螺稳定惯性平台系统被用于导弹的飞行控制和初始制导。导弹发射前，来自直升机、岸上雷达或其他遥感器的有关目标大致的位置数据被送到飞行控制系统。

“宝石”反舰导弹采用新型PLAMYA推进系统。除了承担反舰角色外，还被考虑作为一种对地攻击型导弹。该方案要求更换制导方式，故原惯性平台制导方式可能被改变。

坦克克星——反坦克导弹

反坦克导弹——它是用于击毁坦克和其他装甲目标的导弹，与反坦克火炮相近，它具有射程远、精度高、威力大、重量轻等特点。

美国“海尔法”反坦克导弹

美国陆军直升机专用的激光制导反坦克导弹，型号为AGM-114。1972年研制，1984年随机装备部队。海湾战争中发射量达四五千枚。最大射程7000米。全武器系统由导弹、发射装置和异置的激光指示器组成。弹径177.8毫米，弹长1779毫米，弹重43千克，双锥串联式战斗部重9千克，可配用多种激光指示器。

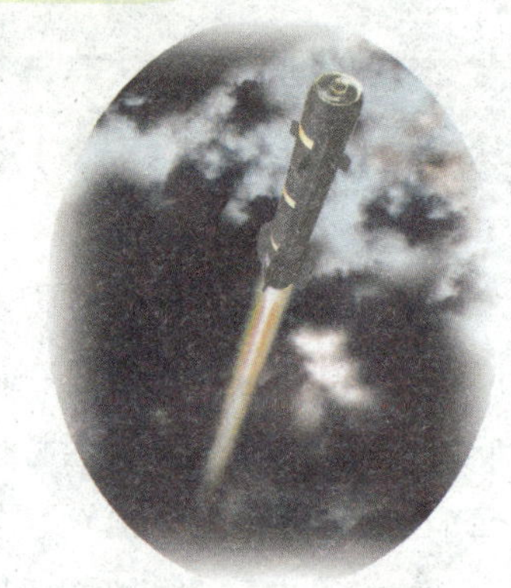

美国陶式反坦克导弹

美国研制的一种光学跟踪、导线传输指令、车载筒式发射的重型反坦克导弹武器系统。

主要用于攻击各种坦克、装甲车辆、碉堡和火炮阵地等硬性目标。1965年发射试验成功，1970年大量生产并装备部队，可车载和直升机发射，也可步兵便携发射。在越南战争及第四次中东战争中都曾大量使用此导弹，并取得了良好的战果。在海湾战争中，多国部队共发射了600多枚此导弹，击毁了伊拉克军队450多个装甲目标。

导弹采用红外线半主动制导，最大射程为4千米，最小射程为65米。命中率500米以内为90%，500至3000米可达到100%。武器系统由导弹、发射装置和地面设备3大部分组成。导弹长1.164米，弹径152毫米，全弹质量18.47千克。

法国艾利克斯反坦克导弹

法国的一种单兵使用近程反坦克导弹。1986年研制，1992年装备部队。采用光学瞄准、筒式发射、光学跟踪、红外电荷耦合装置测角、导线传输指令、半自动制导，射程600米。全武器系统由筒装导弹和发射制导装置组成。全重15.6千克，弹径136毫米，弹长885毫米，弹重9.85千克，串联战斗部能穿透T-80坦克。

“米兰”反坦克导弹

“米兰”导弹由法国和德国联合研制，1972年装备部队，是轻型中程第二代反坦克导弹的典型代表。目前装备的主要是改型弹“米兰2”，装备近40个国家，曾多次用于局部战争和武装冲突，实战证明十分有效。弹长760毫米，弹径103毫米，弹重6.7千克，系统全重27千克，破甲厚度700毫米，射程2000米。“米兰2”弹径115毫米，破甲厚度1000毫米。

中国红箭-9反坦克导弹

中国红箭-9反坦克导弹主要用于打击主战坦克、装甲目标和各种类型的加固工事。它属于中国人民解放军装备的第三代重型反坦克导弹，具备全天候作战能力。据悉，红箭-9的研制工作始于20世纪80年代，首次公开展示是在1999年举行的阅兵式上。与前辈红箭-8相比，这种新型导弹的射程更大、准确性更高、使用更为灵活、控制系统的抗干扰能力更强，尤其是，其穿甲能力也有显著提高。从各项数据来看，红箭-9是迄今威力最大的反坦克导弹之一，能够摧毁任何一种现代化坦克。同时，由于重量有所降低，其机动性也更强，可用来装备空降兵、海军陆战队和其他快速反应部队。

红箭-9反坦克系统的构成包括：配备固体燃料发动机的导弹、发射装置、指挥设备(含光学和红外瞄准仪、激光发射器等)，以及用于检测系统技术状态的辅助装备。红箭-9反坦克导弹系统可用于装备轻型车辆、装甲车和解放军新研制的武装直升机。

红箭-9反坦克导弹最大射程：5000米；最小射程：100米；穿甲厚度：1100毫米~1200毫米；68°倾角时的穿甲厚度：320毫米；射速：每分钟2发；弹径：152毫米；战斗全重：37千克。

恶魔降生——生化武器及核武器

Emo Jiangsheng Shenghua Wuqi Ji Hewuqi

生化武器包括生物武器和化学武器两种，生物武器旧称细菌武器。生物武器是生物战剂及其施放装置的总称，它的杀伤破坏作用靠的是生物战剂。化学武器是装填化学毒剂（或毒剂的二元组分）并将毒剂造成战斗状态的兵器。

无形杀手之生化武器

生化武器包括生物武器和化学武器两种，生物武器旧称细菌武器。生物武器是生物战剂及其施放装置的总称，它的杀伤破坏作用靠的是生物战剂。化学武器是装填化学毒剂（或毒剂的二元组分）并将毒剂造成战斗状态的兵器。

生物武器的特点

生物武器有五个特点：

（1）致命性、传染性强：一旦发生病例，容易在人群中迅速传开，并感染细菌，导致人的死亡。

（2）生物专一性：它只是对人和动物产生生命的威胁。

（3）面积效应大：为了达到杀伤目的，在一定条件下会造成大面积的污染。

（4）危害时间长：在适当条件下，有的致命微生物可以存活4年～10年。

（5）难以发现：它无色、无味，不容易被发现。

生物武器的发展

生物武器的发展分三个阶段：

（1）第一次世界大战之前到结束——这个阶段所研制的生物战剂仅是几种人畜共患的致病细菌，主要由特工去秘密污染敌方水源、食物或饲料。例如德国曾在第一次世界大战中用马鼻疽杆菌感染敌国的几千头牲畜。

（2）从20世纪30年代至70年代——这个阶段生物武器发展的特点是战剂种类增多、生产规模扩大，主要施放方式是用飞机布洒带有战剂的媒介物，扩大攻击的范围，这一时期是历史上使用生物武器最多的年代。20世纪30年代，日军在中国东北建立生物武器生产中心，对中国军民进行惨无人道的细菌生物战；20世纪50年代以美国为首的联合国军队在朝鲜和中国东北使用生物武器，同时像英国、德国等国也开始研制生物武器及其防护措施，在研制试验中不断地发生事故。

（3）始于20世纪70年代中期——其特征是生物科技的迅速发展，特别是DNA重组技术的广泛应用，不但有利于生物战剂的大量生产，而且可依照生物战的需求开发新战剂，使生物武器进入基因武器的阶段，进而再次引起国际间的重视。

化学武器的特点

化学武器有四个特点：

（1）伤害途径多。吸入染毒空气，皮肤接触毒剂的液滴和气雾，食入染毒的水和食物，都能遭到不同程度的伤害。

（2）作用时间长。化学武器的杀伤作用短则几分钟到几十分钟，长则几天、十几天。

（3）杀伤范围广。毒剂蒸气可以到处扩散，可以杀伤几千平方千米内的人群。

（4）受气象、地形、地物的影响较大。不是全天候武器。

窒息肺部的“光气”

光气是无色的气体，有烂干草和烂水果味，工业品为黄色或淡黄色液体。光气蒸发快，易形成伤害浓度，但持续时间短，易被活性炭等多孔物质吸附。它遇水或火碱及氨水等会失去毒性。窒息性毒剂主要损害呼吸器官，引起肺水肿而造成窒息。吸入光气后会感到胸闷、咽干、咳嗽、头晕、恶心，经2小时～8小时后，出现严重咳嗽、呼吸困难、头痛、皮肤青紫，并咳出淡红色泡沫痰液，中毒严重时会窒息死亡。可以说，光气中毒是通过引起人员肺水肿，造成肌体严重的缺氧窒息而杀伤人员的。

小乐园

病毒：比病菌更小的东西，会溜进人的身体里，引起更多的疾病。

终极战魔之核武器

核武器是指利用自持（不需外界干预，自身可持续进行）核裂变或核聚变反应（或两者兼有）瞬间释放出的巨大能量产生爆炸作用造成大规模杀伤或破坏效果的武器。包括原子弹、氢弹、中子弹及放射性战剂等。

战略核武器

用于攻击敌方战略目标或保卫己方战略要地的核武器的总称。战略核武器一般是由威力较高的核弹头和射程较远的投射工具组成的武器系统。战略核武器主要有陆基洲际弹道核导弹、潜地弹道核导弹、携带核航空炸弹、近程攻击核导弹、巡航核导弹的战略轰炸机，以及反弹道导弹核导弹等。战略核武器作用距离可远至上万千米，突击性强，核爆炸威力通常为数十万吨、数百万吨乃至上千万吨梯恩梯当量。可用以攻击军事基地、工业基地、交通枢纽、政治或经济中心和军事指挥中心等战略目标。

美国和苏联在突破氢弹研制之后，立即发展战略核武器系统。1953年美国部署了第一种战略核航空炸弹，1958年部署第一枚携带百万吨梯恩梯当量级核弹头的洲际弹道导弹。苏联于1964年部署第一枚洲际弹道核导弹。20世纪60年代，两国核动力弹道导弹潜艇相继服役，三位一体战略核力量逐步形成并迅速发展壮大。两国除了完善高威力战略核弹头设计外，还发展了中、小型化和多弹头化的陆基和潜地战略核导弹弹头。到20世纪60年代末期，苏联和美国在洲际弹道导弹方面达到了均衡。20世纪70年代，两国在实施了战略导弹核武器小型化和多弹头化之后，更重视提高打击军事硬目标的能力。20世纪80年代开始，两国以实现战略核武器现代化为目标，提高战略核武器的生存能力、突防能力和摧毁能力，发展机动式洲际弹道核导弹、隐形战略轰炸机和巡航核导弹等。1991年7月31日，美国和苏联签订了“削减战略核武器条约”，美国的战略核弹头从当时的12000枚削减到约10500枚，苏联从11000枚削减到7000多枚。

战术核武器

用于支援陆、海、空战场作战，打击敌方战役战术纵深内重要目标的核武器。战术核武器一般是由威力较低的核弹头和射程较短的投射工具组成的武器系统。主要有战术核导弹、核航空炸弹、核炮弹、核深水炸弹、核地雷、核水雷和核鱼雷等。其特点是体积小、重量轻、机动性能好、命中精度高。爆炸威力有百吨、千吨、万吨和十万吨级梯恩梯当量，少数地地战术核导弹的爆炸威力可达百万吨级梯恩梯当量。战术核武器少数固定配置在陆地和水域进行固定发射，多数采用车载、机载、舰载进行机动投射。主要用于打击对军事行动有直接影响的重要目标，如导弹发射阵地、指挥所、集结的部队、飞机、舰船、坦克群、野战工事、港口、机场、铁路枢纽、重要桥梁和仓库等战术目标。

美国和苏联在突破原子弹研制之后，立即发展战术核武器系统。1945年8月6日和9日投于日本广岛和长崎的美国原子弹“小男孩”和“胖子”即为美国首批的核航空炸弹。此后，美国和苏联于20世纪50年代先后部署了核炮弹和战术地地核导弹。20世纪60年代两国不断地发展和更新战术核武器，使种类愈来愈多，体积更小而且更安全。20世纪70年代两国开始研制新的性能更好、具有多种威力的通用核弹头，发展机动的、固体燃料的地地战术导弹，像苏联的SS－20核导弹，在射程精度，可靠性和生存能力方面都有提高，并装备了三个弹头，显著地增强了战术核武器的实力。1987年12月8日，美国和苏联签署了“消除两国中程和中短程核导弹条约”。在此条约签署后3年内，美国和苏联销毁2611枚已部署和未部署的中程和中短程核导弹，其中美国859枚，苏联1752枚；将销毁1128台已部署和未部署的中程和中短程核导弹的发射装置，其中美国283台，苏联845台。

原子弹

它是最普通的核武器，也是最早研制出的核武器，它利用原子核裂变反应所放出的巨大能量，通过光辐射、冲击波、早期核辐射、放射性污染和电磁脉冲起到了杀伤破坏作用。

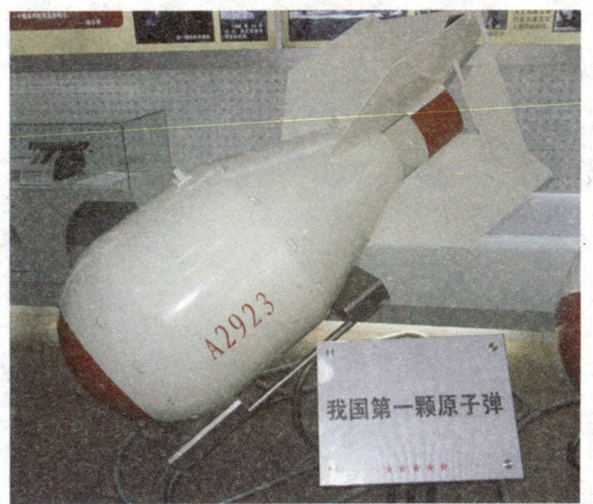

我国在1964年10月16日成功爆炸了我国第一颗原子弹，1967年6月17日又成功地进行了首次氢弹试验，打破了超级大国的核垄断、核讹诈政策，为人类作出了贡献。我们相信，作为武器的原子弹和氢弹终究是要被消灭的。但是作为放出巨大能量的核爆炸，却在和平建设中有着吸引人的应用前景。

氢弹

它是利用氢的同位素氘、氚等氢原子核的裂变反应，产生强烈爆炸的核武器，又称热核聚变武器。其杀伤机理与原子弹基本相同，但威力比原子弹大几十甚至上千倍。

1942年，美国科学家在研制原子弹的过程中，推断原子弹爆炸提供的能量有可能点燃轻核，引起聚变反应，并想以此来制造一种威力比原子弹更大的超级弹。1952年11月1日，美国进行了世界上首次氢弹原理试验。从20世纪50年代初至20世纪60年代后期，美国、苏联、英国、中国和法国都相继成功研制氢弹，并装备部队。

中子弹

它又称弱冲击波强辐射工弹。它在爆炸时能放出大量致人于死地的中子，并使冲击波等的作用大大缩小。在战场上，中子弹只杀伤人员等有生目标，而不摧毁如建筑物、技术装备等设备，“对人不对物”是它的一大特点。

使用中子弹战后的城市也许不会像原子弹、氢弹那样成为一片废墟，但对人员的伤亡会更大。

冲击波

冲击波是核爆炸时物质膨胀急速上升，爆炸中心压力加强，使周围空气猛烈震荡而形成的波动。它以超声波的速度从爆炸中心向周围冲击，具有很大的破坏力。